U0403043

中國建築藝術全集編輯委員會　編

中國美術分類全集

中國建築藝術全集

5

橋梁·水利建築

《中國建築藝術全集》編輯委員會

本卷主編

潘洪萱　同濟大學教授

攝　影

潘洪萱　金寶源

凡例

一　《中國建築藝術全集》共二十四卷，按建築類別、年代和地區編排，力求全面展示中國古代建築藝術的成就。

二　本書爲《中國建築藝術全集》第五卷『橋梁・水利建築』。

三　本書圖版共二二六幅，集中展示了中國古代橋梁與水利工程在選址、布局、結構構造、造型、局部裝飾與環境諧和成趣等方面的藝術特色和輝煌成就。

四　卷首載有論文《橋梁・水利建築藝術》，簡述了我國古橋的起源和發展，論述了古橋的技術成就、古橋藝術與文化及古代水利建築藝術。卷末的圖版説明中對每幅照片均做了簡要的説明。

目錄

木拱、石拱、多孔薄墩及厚墩聯拱

園林及風景區的古橋

(二) 水利部分

圖版說明

橋梁・水利建築藝術

中國古代橋梁與水利建築是世界燦爛文明的重要組成部分，具有悠久的歷史和卓越的成就。現存的橋梁或水利建築工程中，不少是屬世界之最。其中有：

橋梁工程方面

世界最早、跨度最大的圓弧形敞肩石拱橋　河北省趙州橋

世界最長的跨海灣的石梁石墩橋　福建泉州安平橋

世界獨一無二的平行于河流的縴道橋　浙江紹興古縴橋

水利工程方面

世界最早的水閘式運河——廣西興安縣靈渠

世界最長的運河——京杭大運河

世界最早的大型綜合性水利工程，二〇〇〇年被列爲世界文化遺産——四川灌縣都江堰

世界最早的一部水利史《史記・河渠書》

這些工程在選址、總體布局、平立面布置、結構構造、藝術造型、局部裝飾、功能發揮以及施工方法等方面都有許多創造，形成了自己獨特的風格。它們留存至今，少則百年，多則一、兩千年，仍爲我們所用，造福于人類。更重要的是，它們那種從實用出發，循應天時、用好地利、協調好環境的構思與處置，從節省出發，因地制宜、就地取材的做法，以及在實用、節約的前提下精益求精達到主體美、局部美、爲環境添美的精神，長久地啓迪着一代又一代的中國人，不少已成爲我們寶貴的精神財富。其中有些工程技術，何以能在當時落後的生産力條件下達到如此高的水平，仍是需我們繼續研究探索的課題。

本卷對現存橋梁和水利工程中，有代表性的和列爲全國重點文物保護單位的實例一一加以介紹。

古代橋梁建築

一般來説，橋梁是架空的路，供行人、車輛、渠道、管綫等跨越河流、溝渠、山谷的建築物。人們爲了自身生活、生産、防禦以及理念的需要，而建造出各式各樣的橋梁。橋梁一般由跨空與支承跨空部分組成，即由橋孔結構及橋墩、橋臺組成。按橋孔結構可分爲梁橋、拱橋、吊橋、剛架橋；按橋孔結構的材料可分爲木橋、石橋、鐵橋與鋼橋、藤橋、竹橋、混凝土橋、鋼筋混凝土橋、預應力混凝土橋，甚至還有土橋、葦橋、冰橋與鹽橋等，按用途可分爲人行橋、道路橋、鐵路橋、管綫橋、棧道和渡槽等。此外，有開啓橋、浮橋和漫水橋等特殊橋梁。

一　我國古橋的起源和發展

（一）追古溯源

我國最早的橋梁應出現在原始社會。當原始人類尚不能用手造橋的時候，往往利用天然倒下來的樹木，自然地殼侵蝕變化而形成的石梁或石拱，溪澗間衝流下來的石塊等各種『天生橋』，或利用森林裏攀纏的藤蘿以越過河溪和峽谷。以後，人們在天然橋形的啓示下，利用木、石塊、藤、竹等現成的天然材料，建造出『獨木橋』、『溜索』、『堤梁踏步橋』等原始橋梁或稱其爲橋梁雛形。例如，從距今七千年前的浙江餘姚河姆渡遺址中發現建築是架空的，建築構件間已用了榫卯。陝西西安半坡村遺址中發現在部落周圍，挖有深寬各約五至六米的大圍溝，當年溝中會有水，以防止野獸或异族部落的侵襲，爲了部落人員的出進，圍溝上勢必有橋。而當時居民已能用木柱、木擅、草泥蓋建造圓形屋，完全有能力建造簡易木橋。又如距今有六千多年的上海良渚文化時的學家浜村落中有條河，考古發現河岸有兩排木樁，推斷村莊上架過木橋。距今四千一百年左右的河南新密古城寨城址，城周護城河南河，寬三十四米至九十米不等，河上建過橋梁。這些古代橋梁在風霜雪雨的侵蝕下與滄海桑田的變遷中，已不復存在。但在古文字及一些現存的實物中，仍可找到它們的痕迹。

隨着社會生產力的不斷向前發展，我國古代民衆通過反復實踐，摸索出一套行之有效的造橋技術，創造出形式多樣、絢麗多姿的橋梁。

（二）發展歷史概貌

我國古橋的演進和發展，大致可分爲四個階段。第一個階段是在夏、商、西周、春秋時期的創始階段。它是爲了涉水耕作、打仗過河、物物交換以及皇族娶親等需要而建造的臨時性橋梁或者半永久性的橋梁。第二個階段是以秦漢時期爲主，上至戰國下至三國的創建發展階段。在這一時期，梁橋、吊橋、拱橋、浮橋四種基本橋型都已齊全，并有了供皇帝、貴族使用的閣道、復道（形同現代的天橋），秦漢時的皇都咸陽、長安附近的渭河上，已能建造起規模巨大、結構精巧，上過車馬、下通樓船的長大橋梁。第三個階段是以隋唐和宋爲主，包括兩晋、南北朝、五代的全盛階段。在這一時期，各種橋型的建造技術，都有不少的創新和突破。諸如李春首創的敞肩拱趙州橋、多孔石拱的西安灞橋、首創筏形基礎的泉州洛陽橋，石梁結合浮橋的潮州橋以及汴京的木拱虹橋等，石橋墩臺砌築工藝日臻完善。第四個階段是由元至清末的繼承發展階段。其間建造了大量的鐵索吊橋，發展了橋梁藝術，特別是園林橋梁的大量修建，出現了專門的橋梁著作，施工説明，初級的設計圖樣等等，修建橋梁走向規範、定式。

下面簡要介紹四種基本橋型的產生和發展。

1．梁橋（包括棧道）

這種橋型是由培土成梁的堤梁演進而來的。

梁橋是把梁作爲橋的直接主要承重構件。從力學觀點看，梁的特點是受彎，梁一般均平直安置，故又稱平橋。

因獨木難行，可并列幾根竹、木，駢木爲橋；進而又把諸根竹（木）橫向夾住，使它

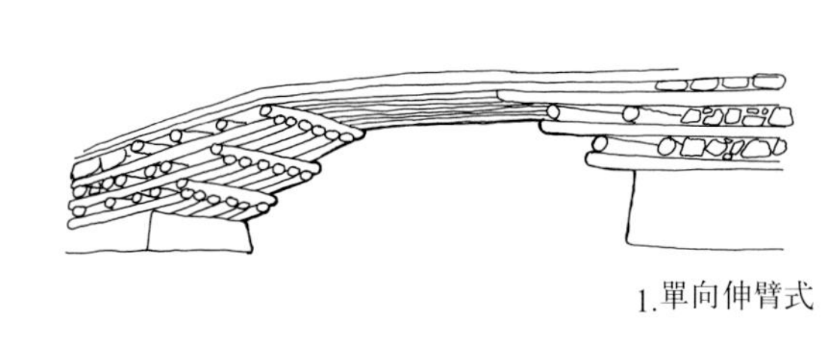
1.單向伸臂式

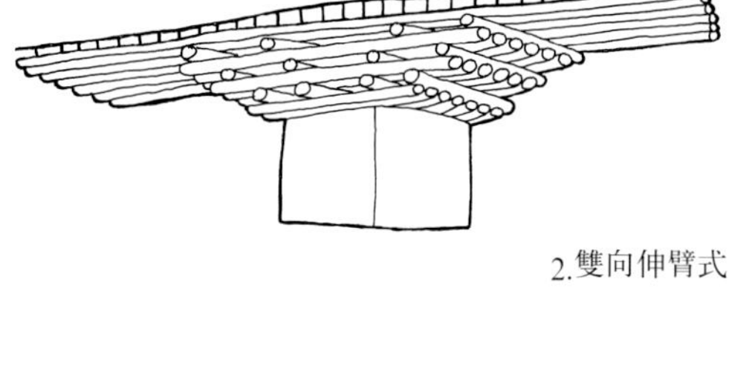
2.雙向伸臂式

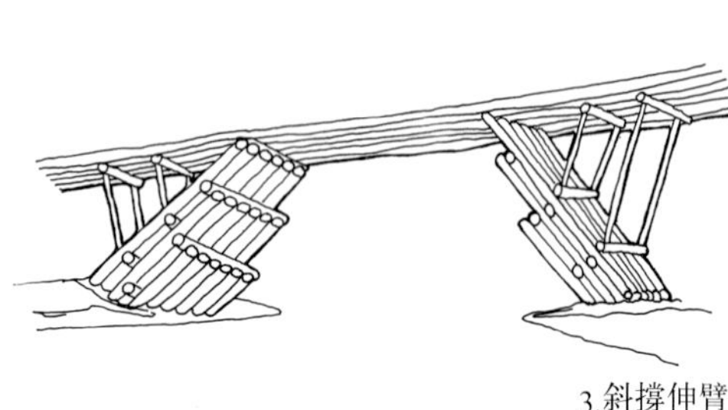
3.斜撐伸臂式

圖一　三種伸臂木梁橋圖

們共同受力。當河面較寬難以一跨跨越，必須在河中堆石爲墩，就産生了多孔駢木梁橋。

以後，簡支竹木梁橋向兩個方向發展。一是以石梁代替竹或木梁，它是在進入鐵器時代，有可能開采和加工石料時；二是從結構技術上創新改進，出現了吊桿梁橋、八字撑架橋和伸臂梁橋，這些結構沿用至今。

石梁橋中也有石伸臂梁，稱爲『叠澀』，也有石撑架橋，并演進爲多邊石橋。

歷史上最早記載的梁橋爲鉅橋，橋建于商代（公元前十六至公元前十一世紀）。自周代至秦漢，多造石柱、木梁橋，實物雖已不存，考古發掘中曾有發現。從四川、山東、江蘇等地出土的漢朝及其以前的畫像磚的梁橋圖案上，可以確定在戰國時期，單跨或多跨的木梁石（木）柱橋已開始在黄河流域及其他地區普遍建造。

關中地區，秦、漢、唐三朝曾在渭河架起中渭、東渭及西渭三座木梁木柱橋。據《水經注》記載，始建于秦昭王的中渭橋，全長約合五二五米，寬約一三・八米；由七五〇根木柱椿組成了六十七個橋墩和六十八個橋孔，在木柱椿上加蓋頂横梁組成排架，排架上擱置大木梁，再鋪上木橋面，兩邊設雕花木欄杆。整座橋梁中間高兩邊低，中間橋孔要比邊孔大一・二米以上、高約九米，以適應皇帝樓船過橋和橋面能迅速排除積水。兩端橋堍還竪着華表、鎮水妖石件、石燈柱等，作示標和照明之用。

現存福建閩侯龍泉橋爲『唐景雲元年（七一〇年）侯官龍泉寺僧人建』，橋爲長三・三米，寬一・一米，厚〇・三米的曲形石板。

『閩中橋梁甲天下』是對宋朝（特别是南宋）時福建、泉州及其附近地區大量建造石梁、石墩橋的真實寫照。現存的洛陽橋和安平橋是其優秀的代表。據考證，當時比安平橋還長的石梁橋有泉州南門外二十三都（現爲石獅市）的玉瀾橋、晋江縣的海岸長橋和惠安縣的獺窟嶼寺橋。隨後逐步形成了由洛陽橋，鳳嶼盤光橋、金雞橋、石笋橋（浮橋）、順濟橋、玉瀾橋、安平橋、東洋橋（東橋）、海岸長橋和下輦橋組成的福州泉州十大名橋，留傳至今。

當河谷寬度超過十米，中間又不便砌築橋墩時，石木簡支梁橋就難以勝任了。爲增大

圖二　樊河鐵索橋

木梁橋的跨度，創建了伸臂木梁橋（圖一）。它采用圓木或方木縱横相隔叠起，由岸邊或橋墩上層層向河谷中心挑出，猶如古建築中的層層斗栱。伸臂木梁橋起源於公元四世紀以前，記載中的第一座橋建在甘肅與新疆交界處被稱作段國的地方，當地人稱它爲『河厲』。它層層挑出的外形，如鳥展翅，故又稱飛橋。它的杰出代表是程陽永濟橋，該橋所在的三江侗族自治縣及其周圍的四個縣，有這種橋梁三三〇多座。橋上有橋屋或橋廊，屋廊内有彩畫，貴州、廣西等地俗稱風雨橋、廊橋。逢年過節，這些橋梁又成了人們娱樂、廟會、趕集的場所。現存甘肅文昌縣的陰平橋，福建閩南永春東關橋（始建于南宋）、浙江奉化南浦廣濟橋（建于元代），江西婺源縣的彩虹橋（建于南宋）等，均是它們的優秀代表。

棧道是在深山峽谷的峭壁上開鑿出來的人工通道，是我國早期木橋的一種，是木梁柱橋的特殊形式。歷史上記載最早的棧道是陝西和四川之間穿過秦嶺的棧道，建于公元前三百年前後的周秦時代。早期棧道是出于軍事需要，秦時有系統地大規模建造棧道，棧道作用更加突出。周秦漢時的褒斜棧道，是由今陝西省鄰縣以南，北沿斜水谷道上溯，過秦嶺南沿褒水谷道下行，到達四川漢中的褒城。到了漢代初年，該地區除褒斜棧道外，還有子午道、駱谷道和故道。在子午與褒斜道之間有一道棧道，名第四條道。據唐・杜佑《通典・興元府（漢中）》記載：故道長一千二百〇二里，駱谷道長六百五十二里，褒斜道長九百三十三里。除以上横越秦嶺的幾條棧道外，還有不少棧道分布在雲、貴、川、西藏等省區。比較知名的有漢武帝通西南所修的四川棘道閣道，隋朝史萬歲南征時所過的四川石門棧閣，雲南盤蛇谷棧道，山西雀鼠谷棧道，沿長江三峽、小三峽、嘉陵江畔、黄河三門峽等險要地段的棧道等等。

棧道形式多種多樣，有躡杙（yì）、鈃隥、閣道、千梁無柱、棧橋、偏橋、依梯等數種。

2．索橋

索橋又稱吊橋、懸橋、繩橋，也稱爲絙橋；竹索橋稱笮橋，《正韻》解釋爲：笮，竹索也；鐵索橋又名鐵鎖橋，常建于懸崖峽谷、急流險灘難以修築橋墩處，現今在雲、貴、川、藏等西南各省區山區中常可見到。

中國古代索橋的種類很多，門類齊全。

按建造材料分，有藤、竹、生鐵、熟鐵；

按結構分，有單索、雙索、三索、多索、斜索，單孔、雙孔、多孔等。

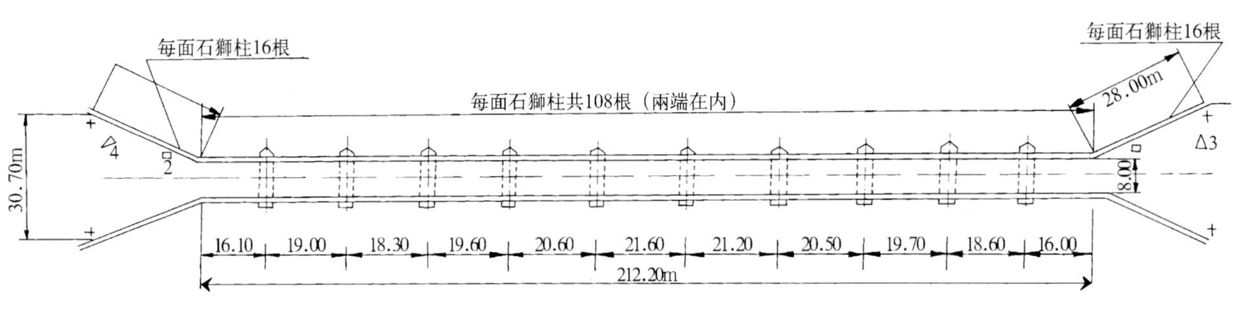

圖三　北京盧溝橋平面圖

1,2－御碑亭　3,4－龜駝石碑　＋－華表

按行走部位分，有吊在索上溜過的（溜索），有走在索上的，有走在諸索圍中的，有走在懸吊于索上的橋面的，有走在藤網筒中的等等。

原始的懸索橋，是以藤蘿爲索的，現在雲南大理雲龍水城有多座藤吊橋，就是用當地生産的山葡萄藤編織而成的，橋長有二十五米。明朝徐霞客在《滇游日記》中記載了雲南龍川東江藤橋詳情：該橋長約四十五至五十米，『以藤三四枝，高絡于兩崖，從樹梢中懸而反下，編竹于藤上，略可置足。兩旁亦横竹爲欄以夾之。……』。據考查，現存雲南貢山獨龍族怒族自治縣跨越獨龍江及其他河溪上有各式藤橋數十座，當地人稱它爲藤篾橋。

最簡單的索橋是獨索繃成的溜索橋，亦稱溜筒橋，俗稱溜殼橋，周應徽榻水橋詩中『如緣都盧橦，百丈險可懼』就是對它的描繪。隨後又進展至一來一往的兩索以及一上一下（上扶下踏）的雙索，還有一種較安全的雙索橋是左右平列相距一米左右，在索上結繫V形吊杆。爲行人過橋安全，發展成三索橋、多索橋、多繩的藤網橋。例如西藏洛渝地區旁固村的藤網橋，横跨雅魯藏布江，橋長一三〇餘米，高出水面四十米。用四十七根粗細不同的藤索，從東岸牽引至西岸。藤繫在木樁上。二十多個用粗藤絞成的圓環，均匀地分布在四十七根藤索之間，把藤索撑成圓筒形。人在藤網中行走過橋，十分安全。

并列多索橋是我國古代索橋中最普遍的一種，橋索由竹索或鐵索做成。

約在公元前三世紀，四川成都就有了竹索橋。現存四川汶川縣治北關通瓦市的鈴繩橋，橋長四十八丈，闊八尺，又名鎮關索橋，舊稱太平橋。

跨度較大并有一定代表性的竹索橋還有四川省内的桃關戴家坪索橋、群益橋、登雲橋、打衝河索橋，它們的跨度在八〇米至二〇〇米之間。

四川灌縣（現名都江堰市）都江堰口的珠浦橋，是聞名中外的多孔多索竹索橋，它横跨岷江的内外二江，又名安瀾橋、平事橋，俗稱夫妻橋。宋·淳化元年（九九〇年）大理評事知永康軍梁楚始建。至一九四九年時，該橋長三四〇米，八孔，全橋有十根承重索，上面平鋪木板，并有壓板索二根，左右各有欄杆索六根。絞索設備安放在橋兩頭橋亭（樓）下部石室内的木籠中。一九七五年仿原樣重建。

鐵索橋脱胎于竹索橋，最早的鐵索橋是哪一座、建在何處尚無定論。相傳陝西留壩縣的樊河鐵索橋（圖二）始建于西漢。該橋處在秦漢的褒斜道上，是『蕭何追韓信至此』的要地。據《中國冶金史》等著作論證戰國時期漢中就盛産鐵，有較高的煉鐵技術。而且，范文瀾《中國通史簡編》中記有，漢代『煉鋼術的西傳，更是對人類文明的一大貢獻』。因此，鐵索橋當可起源于漢代。見于古籍的最早鐵索橋是雲南麗江地區跨越金沙江的『鐵

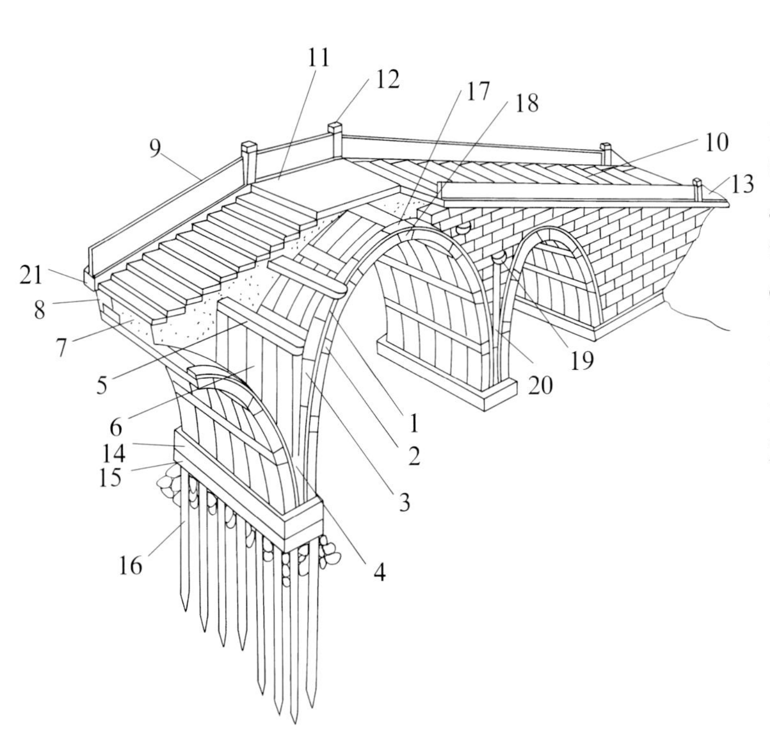

圖四　石拱橋構造及各部名稱圖

1–券板　2–水平鎖石（龍筋）　3–護拱石（拱眉）
4–撞券石（柱腳石）　5–龍頭石（橋垛、假天盤）
6–間壁　7–拱上填料　8–山花壁　9–欄板
10–橋面石級　11–千斤　12–立柱（望柱）
13–抱鼓　14–水盤　15–蓋樁石　16–木樁
17–伏券　18–鎖口石（龍門石）　19–天盤
20–對聯石　21–地袱

橋』，建于唐天寶中（七五〇年左右）。

鐵索橋的鐵索一般由鐵環扣聯而成，由于鐵鏈扁環鍛冶環節多、費工，環扣接口多，且常是斷裂之處；衆多扁環相扣，造成鐵鏈的幾何或塑性變形大，增加了橋的垂度，要時常進行絞緊。以上缺陷，促使鐵索橋發展到鐵眼杆橋。眼杆是用圓長鐵條，兩端鍛成眼扣，相互銜接；或在二眼杆間插入一節短環扣接。

鐵眼杆橋始建于清代，四川天全滎經河上的伏龍橋、萬安橋和雲南元江橋、把邊江橋都是鐵眼杆橋，橋跨均在八十米以上。

3．拱橋

拱橋始建于東漢中晚期，由伸臂木石梁橋、撑架橋、三邊形石橋等逐步發展而成。在形成和發展過程中，早期又受到墓拱、水管、城門等建築的影響而成拱式。在河南新　縣和山東汶上縣出土的漢代畫像磚中，均發現東漢時期的單孔『裸拱』圖形。其創建史要比以造拱橋著稱的古羅馬晚上數百年。

拱橋主要承重構件的外形均是曲折的，因此古時稱爲曲橋。在古文獻中，還用『囷』『竇』『瓮』等字來表示拱。《水經注》首次記錄了石拱橋。它是晋・太康三年（二八二年）在洛陽七里澗上建成的旅人橋，又名七里澗橋，爲單孔石拱橋。

隋朝開皇三年（五八三年）建成的大型聯拱式灞橋，估計全長四〇〇米，有四十個左右的橋孔，橋墩寬占拱淨跨的百分之四十六・七，橋墩呈船狀兩頭尖，分水尖頂部有石雕龍頭，采用密排木樁上覆大石板承重。

據粗略統計，現存民國以前的石橋尚有十萬計，其中石拱橋將占一半。現存最古的石拱橋是建于隋朝的河北趙縣趙州橋，它是一座敞肩式單孔圓弧形石拱橋。是中國傳統石拱橋中技術最高、跨度最大，并具有完美藝術性的一座。

拱橋是由單孔發展到多跨聯拱，它又可分爲多孔厚墩聯拱和多孔薄墩聯拱兩類。

多孔厚墩聯拱常見于北方及南方山區。黃河流域是中國歷代皇帝多數都城所在地，四方貢賦及各式物資的轉運，多賴騾馬大車及運河等水系運

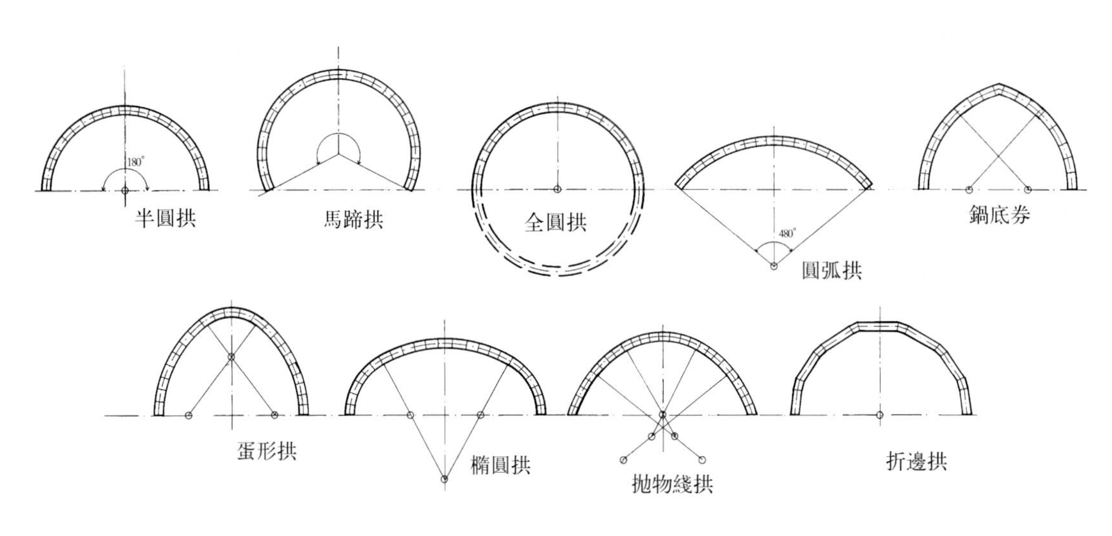

圖五　拱的券形種類圖

輪，爲利于車走人行，橋梁多屬于平坦宏偉型，多跨石拱橋的全橋縱坡很小，橋墩都築得厚實，上游方向長出一段并建有分水尖，以迎洪水及破流冰。厚墩聯拱自二孔至數十孔，孔數最多的是江蘇徐州荆山石拱橋，共有一六四孔。

江南河網地區建造的是多孔薄墩聯拱，以盡可能減少阻水面。這種聯拱橋，一孔受荷載相鄰幾孔共同受力。其杰出代表是始建于唐代元和十一年至十四年（八一六至八一九年）的蘇州寶帶橋。現全橋總長約三一七米，橋孔五十三個、長二四九・八米，橋中寬四・一米，橋端寬六・一米。橋兩端各有石獅一對，北端有石塔和石碑亭各一座，塔高約三米，亭内原有清代碑記。第二十七孔與二十八孔間的橋墩上也有石塔一座。橋的第十四、十五及十六孔三孔爲全橋之顛，供官船通行，第十五孔最大，孔徑六・九五米，孔高三・五米。

薄墩聯拱有三孔（如杭州拱宸橋）、五孔（如上海朱家角放生橋）、七孔（如浙江餘杭廣濟長橋）、九孔（如蘇州石湖的行春橋及江蘇溧水的尚義橋）以及多孔的。多孔的除寶帶橋以外，還有吴江市東二里的垂虹橋，它跨越太湖支流塘河，有七十二個橋孔，比寶帶橋還長二〇〇尺，俗稱長橋（稱寶帶橋爲小長橋）。全橋三起三伏，直至一九六八年逐孔連續倒塌，現殘存九孔。

江西星子縣盧山栖賢寺旁的觀音橋，是單孔石拱橋，拱券砌築與趙州橋相同，但拱券石凹凸相接，工藝奇特。

宋時河南洛陽天津橋改浮橋爲多孔圓弧石拱橋，并『依仿趙州橋修砌』。當地官員用彩畫繪製『修砌圖本一册進呈』皇上，『詔依第一橋樣修建』。造橋技術已達較高水平。

北京廣安門外的盧溝橋（圖三），是南宋、金、元時代的代表之作。橋由十一孔不等跨圓弧拱組成，全長二一二・二米，加上兩端橋堍，總長二六六・五米，橋面淨寬七・五米，約有千分之八的縱坡，以便排水。拱券用框式横聯法砌築，爲了防止券臉石向外傾倒，用八道通貫全拱券的横條石與券臉石相交砌，加上拱券石間有腰鐵連接，使整個拱券形成一體。橋墩前尖後近方船尾。墩前有長四・五米至五・二米的分水尖，尖頂垂直安置一根三角形的鐵柱，以其鋭角迎水；在拱脚和拱址石與墩身分水尖之間、流冰水位以下，作流綫形過渡，利于冰塊或其他漂流物順利迅速通過。橋上及橋頭共有四八五隻大小石獅，形態奇美，是著名的藝術品。因橋處于『密邇京師，八方通衢』，全橋堅固華麗，爲世人所注目。早在元朝就有文豪張埜、盧亙贊喻它爲『卧虹千尺』、『蒼龍北峙飛雲低』。馬可・波羅稱其是『一座極美麗的石頭橋』，并在歐洲廣爲傳播。

《清明上河圖》畫卷中的虹橋爲我們了提供了宋代木拱橋的原型。該橋由二十一組并

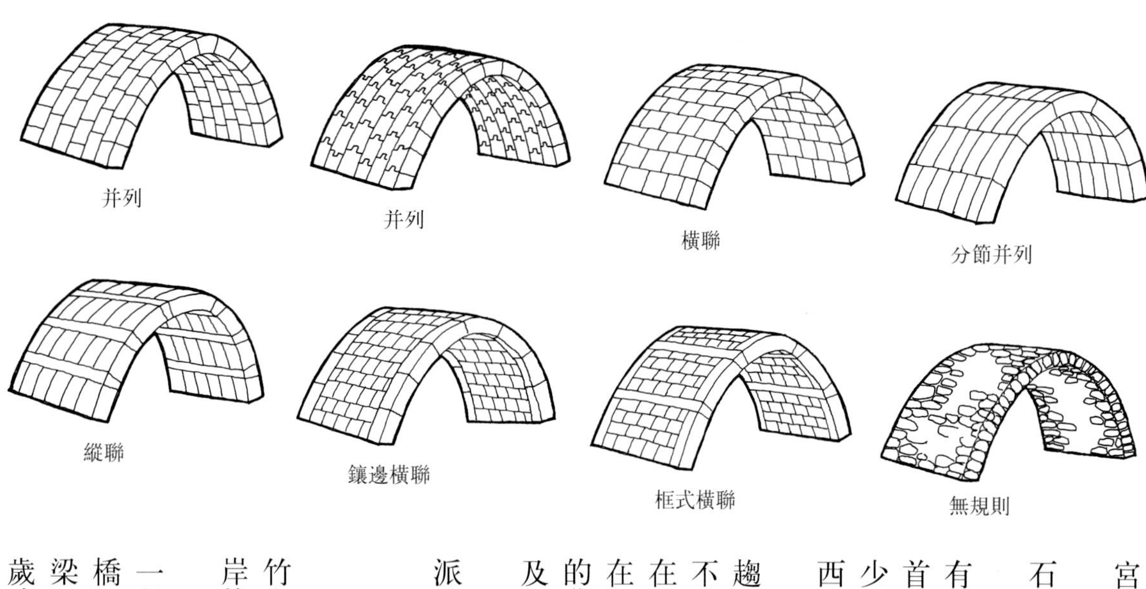

圖六　拱券排列類型圖

列拱骨圓木穿插而成，橋長約一九・二米，寬度爲八至九米，能承受如現代近三噸卡車的重量。數百年來，認爲虹橋的結構形式已經湮没失傳，一九八〇至一九八一年發現在洞宮、雁蕩、括蒼、武夷等山脈間保存數十座類似虹橋的木拱橋。

明、清兩代拱橋現存最多，技術已十分成熟，規模也已宏大，更加講究美觀，特别是石拱橋幾乎已遍布全國，進入了興旺時期。

拱橋類别按材料分，有石、磚、竹、木及磚石混合數種。竹拱橋建于産竹地區，極少有久存者。木拱橋始創于北宋乃至更早，從《宋會要》、《澠水燕談録》的記載，木拱橋首建于益州（今山東益都），盛名于河南開封。由于磚比石容易風化，現存磚拱橋也已極少，如陝西榆林永濟橋。磚拱砌法與城門磚拱相同，江蘇南京外秦淮河上大中橋及明故宫西華門橋均是三孔磚石混合拱橋，橋總長均爲四十米左右，始建于五代南唐及建于明代。

石拱橋被視爲永久性建築。由浮橋、木或石梁橋過渡到石拱橋是古代橋梁演進的一種趨勢，甚至是定式。特别是由木、石梁而後石拱的實例在大江南北各處都有。其基本形式不外乎水鄉的輕巧型與北方或山區的厚實型兩大類，拱橋技藝視交通工具、河流性質、所在地域的文化、科技及當地建材，决定拱橋的類别與形式。受趙州橋以及小商橋的影響，在河北、河南、山西、山東等地形成了數百年一系列敞肩圓弧拱的傳播。江、浙兩省水鄉的薄墩聯拱及獨有的縴道橋，造型精美。浙江紹興東南一帶的五邊、七邊、九邊折拱石橋及雲南省相當多的尖拱橋獨具一格。閩、浙山區不用雲貴川常建的索橋而多造木拱橋。

石拱橋拱券券形種類頗多（圖五），其排列方法基本上是并列和橫聯二種類型，逐步派生出如圖六的多種類型。

4・浮橋

浮橋是聯結可浮體在江河湖泊之上，以解決水上交通的一種特殊橋梁形式。可浮體有竹木排筏、渾脱、車輪、船隻等，它們之間用纜索、錨等物件相聯、固定，最後繫牢于兩岸的木樁、石柱、鐵牛或岩石上。

浮橋古時稱爲舟梁，它是以船舟代替橋墩的，故有『浮航』『浮桁』『舟橋』之稱，是一種臨時性橋梁 。由于浮橋架設簡單，成橋迅速，常被應用在軍事上，因此也稱爲『戰橋』。我國建造浮橋的歷史十分悠久。《詩經・大雅・大明》記有：『親迎于渭，造舟爲梁』。説的是約在公元前一一三四年的西周，西伯姬昌（周武王之父，追尊爲文王）十八歲時，爲娶親，在渭河上造舟爲梁，修築了一座浮橋，距今已有三千一百餘年了。當時的

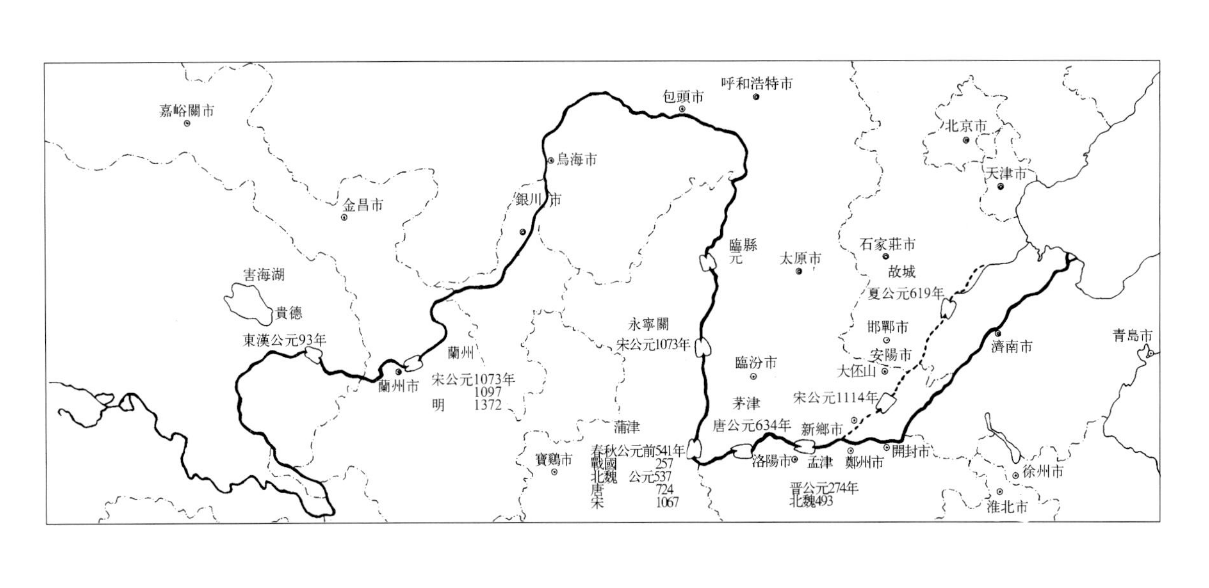

圖七　歷史上黃河浮橋位置圖

浮橋是稀貴之物，《爾雅・釋水》記載：『天子造舟，諸侯維舟，大夫方舟，士特舟，庶人乘泭。』説明祇有天子渡河纔可建浮橋，而諸侯、大夫和士祇可以船渡，并以用船數目多少區分官階等級。諸侯四船，大夫兩船，士單船，至于庶民百姓祇能乘筏而渡了。唐太宗李世民在他東征西戰中多次渡越浮橋，曾賦浮橋詩一首：

曲岸非千里，橋斜异七星；暫低逢輦度，還高值浪驚。
水摇文鷁動，纜轉錦花縈；遠近隨輕影，輕重應人行。

詩句描繪他坐御車過浮橋時，看見的船頭上善于搏擊風浪的鷁鳥圖形和纜索上的朵朵錦花，在江河波濤上摇曳動蕩的景象，以及他過橋時的親身感覺。根據古籍資料統計，在黃河（圖七）九處和長江（圖八）上五處曾架設過浮橋，十九世紀以前，這兩條『天塹』全靠它們來跨越。第一座黃河浮橋建于公元前五四一年的春秋時期，在現今山西省臨晋附近。第一座長江浮橋叫江關浮橋，于公元三十五年架于現今湖北省宜都縣荊門和宜昌縣虎牙之間的長江上。

圖七、圖八分别表示歷史上黃河和長江浮橋位置圖。其中的蒲津大浮橋，位于山西蒲州府城（現永濟市）與陝西大荔縣（漢朝前稱臨晋縣）的黃河上，該地區是中華民族發源地，自古經濟繁榮，文化發達，橋位選擇經濟合理。因此自秦昭襄王五十年（公元前二五七年）『初作河橋』（《史記・秦本紀》）起，到『河橋爲元兵（約十三世紀）燒絶，後始廢』（《永濟縣志》）爲止的一六〇〇年中雖屢遭毁壞，但都及時修復，維繫着秦晋間這一重要通道。浮橋的存廢與蒲州府城由盛變衰的時間大體一致。該橋長四華里、寬一丈多，用了上千艘的船隻，以竹索捆扎，再用大木加固。唐代開元年間進行了較大規模的改建，至開元十二年（七二四年）方告完成。兩岸各用四頭重『數萬斤』的鐵牛，『夾岸以維浮梁』，以鐵鏈代替竹索（首次用鐵鏈連接船隻的是隋大業元年建成的河南洛陽天津橋）。鐵牛前另有一鐵柱，上呈球形，繫鐵鏈用，鐵牛旁還『鑄有一人策之』。一九八九年與一九九九年在山西永濟市兩次發掘出重二六・一至四五・一噸的鐵牛四隻和四個真人大小的鐵人以及鐵山兩座，鐵牛下長三米餘的鐵柱，鐵人是牧者，分别代表維吾爾族，蒙古族、藏族和漢族，證實了古籍的記載〔一〕。

在長江上規模最大的架浮橋活動，是太平天國農民軍于一八五二年在湖北武漢三鎮，一八五四年在湖北廣濟，共四次以上架起長江浮橋。

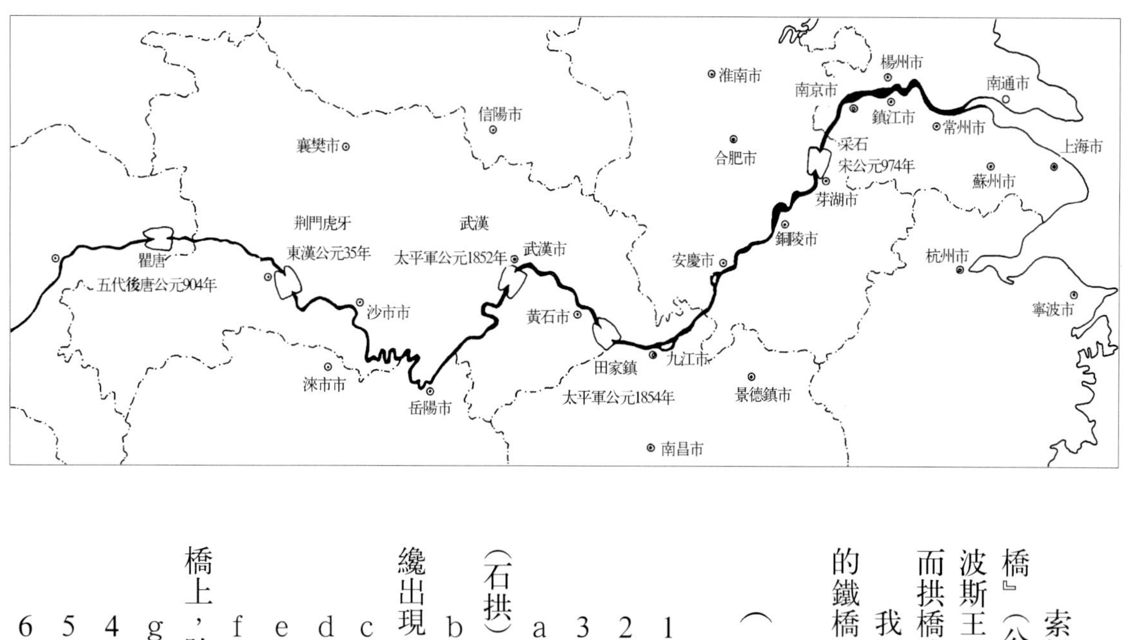

圖八　歷史上長江浮橋位置圖

二　古橋的技術成就

索橋首創于我國，早期的木梁木柱橋可與古羅馬阿文金山嶺的名伯河上的『椿柱式木橋』（公元前六二〇年）相媲美。歷史有記錄的，在渭水上架起的我國第一座浮橋，要比波斯王大流士侵犯希臘時在博斯普魯斯海峽上所建造的世界上最早的浮橋還早五百多年，而拱橋建造史則要比以造拱橋著稱的古羅馬晚上幾百年。

我國在古代曾因地制宜、就地取材造了木橋、石橋、磚橋、藤橋和竹橋，還建有罕見的鐵橋、土橋、葦橋、冰橋和鹽橋（即青海察爾汗鹽湖上的鹽路基）。

（一）古橋形式和所具功能齊全

1．橋與水閘結合：如始建于唐的浙江紹興的三江閘橋。

2．渡橋或水橋，即水從橋上過的渡槽：如始建于金代的山西洪洞縣寶應西南的惠遠橋。

3．橋作爲承重結構，在橋上建造建築物。

a．在橋上建殿或廟，如福建永安市青水鄉清雍正時的古戲臺建在長二十二米的永寧（石拱）橋上。

b．在橋上建屋開店，據地方志記載，在先秦時就有此種橋梁，而歐洲到十八世紀初纔出現。

c．橋上建亭，以賦詩會文、觀景。

d．梯橋，靠斜撐懸于湖水之上，見東漢墓石上梯橋浮雕圖。

e．橋梁式木構建築，如北京雍和宮後樓。

f．橋上長城，位于山海關東北二十公里，長城名叫『九門口』，城牆建在九座拱形橋上，跨越九江河。

g．水城門，如蘇州盤門水門。

4．十字形橋梁：如山西太原晉祠的魚沼飛梁。

5．棧道，一種橋式山區道路。

6．繂道橋。

7・閣道與復道，堪稱爲現代天橋的鼻祖。

8・立體交叉橋：河北滿城縣南關外的古通濟橋，橋上下都可通『車輿』。

9・可以啓閉的活動橋梁。如：

a・浮橋與梁橋相結合的潮州廣濟橋。

b・秦始皇時的『機發之橋』，欲用它謀殺燕國太子丹。

c・歷代的城門前護城河上的吊橋

10・皇家或私家園林中的橋梁。

11・橋與水利設施結合。

如江蘇吳江的垂虹橋，元泰定時在橋中垂虹亭下大橋墩左右墻上設兩塊水測碑，長期記錄太湖全流域洪水的變化情況。

12・私家橋梁的暖橋。

13・起理念性作用的橋梁。如：

a・北京天橋，專供皇帝到天壇祀天時用。

b・皇宮中的金水橋。

c・孔廟、孔府前的泮橋，俗稱狀元橋。

d・廟、寺門前或殿前的橋梁。

e・棺、槨前的橋梁。

f・苗、侗族寨前爲保住寨中財富不隨水外流的風雨橋。

14・海中棧橋，如始建于清光緒十六年（一八九〇年），長四〇〇餘米，寬十米的青島棧橋，屬于早期的海上碼頭。

15・供當地民衆節日娛樂、趕集用的橋梁，如西南少數民族集居區的花橋。

不同結構及不同材料古橋的單橋的單跨最大路徑

梁橋	木梁：九至十米 石梁：二三點七米（二十二米） 三邊形石梁：十四米 竹梁：六至八米 鐵梁：三至四米	木板：四米 石板：五至六米 單向伸臂木梁：三十三米 雙向伸臂木梁：三十五米 斜撐式木橋：六十米
吊橋	竹索橋：一三四米	鐵索橋：一四二米（一三八米）
拱橋	木拱橋：四十二米（十九米）	石拱橋：三七・〇二米

其中，石梁、單向和雙向伸臂木梁橋、竹與鐵索橋、木與石拱橋的跨徑均居世界同類古橋之首。

（二）梁橋

1．木梁橋

在建造中渭橋時，爲了使橋柱樁打得深而牢固，秦始皇曾用了很重的『金椎』，漢朝承繼秦制，推廣并改進了這種打樁技術。

唐代已出現把折綫式的木梁橋面改進爲弧形橋面。如甘肅敦煌第一四八窟壁畫所繪唐代佛寺中五座梁橋，揚州出土北宋墓中棺槨前的木梁橋以及一九七八年在揚州唐城遺址中發現的一座初唐建成，毀于晚唐的多跨木梁橋。揚州唐橋爲五孔四墩，全長約三十六米（河寬約三十一米），橋面寬約七米。每個單排架墩有五根樁，中間是直樁，兩側四根樁向中心傾斜，最大傾角約十度。這是我國首次發現的唐代橋梁的斜樁。

現存的西安灞橋是古木梁橋的優秀代表，該橋始建于漢乃至更早，屢建屢毀，直到清道光十三年（一八三四年）建成一座多跨樁基礎、石製排架墩、土石橋面木梁橋。其技術成就主要表現在：一是護底、柏木樁、石盤、石柱和蓋梁組成的橋墩，五部分互相聯係堅固，橋墩整體作用良好。二是六座石柱組成的石排架墩，是橋梁史上最早的一種輕型墩。這種橋墩，『石盤作底，石軸作柱，水石搏激，而沙不停留。』這種橋墩使灞橋的束水，僅爲橋長的百分之十五。日本首先在一些橋梁中引用灞橋的橋墩形式，在近現代橋梁中已被廣泛采用。三是橋梁上部構造特殊，墩臺上設置托木以減少木梁的受力和變形。主梁上鋪滿枋板，枋板與枋板的縱横接頭處均嵌以木錠，使其成爲整體。枋板上覆蓋厚層灰土且輔以石板，保護木梁，使其免受腐蝕與磨損。增加橋面重量以增強石柱墩抵抗流水衝擊的能力和抗彎強度，還能抵抗橋面毀于洪水的浮力。這些技術措施，確保了橋梁使用一百二十三年而不修。一九五七年改建爲公路橋時，仍利用了原橋的下部結構。

2．南宋時期泉州地區石梁橋建造技術

北宋時，泉州地區已建造了諸如洛陽橋、通濟橋、泔江橋等三十餘座石梁橋，建橋技術在全國是很突出的。特別是洛陽橋，它是我國第一座瀕臨海灣的江上橋梁，建造中首創

圖九　明末清初修理洛陽橋圖

了『筏形基礎』的橋基，發明了利用牡蠣加固橋基、橋墩和利用潮汐架設石梁的方法等。到南宋時，把北宋建造石梁橋的技術迅速向前推進，特別是泉州地區的石梁橋建造，無論在長度、跨度、重量、建造速度、施工技術、橋型等方面，在建橋史上都達到了新的水平。

a·大型石梁橋建造增多

南宋時泉州地區建造的石梁橋無論在數量上、規模上都超過北宋時期。建于南宋紹興八年至二十二年〔二〕（一一三八至一一五二年）的安平橋，俗稱五里西橋，坐落在晉江縣安海鎮和南安縣的水頭之間，是跨越海灣的大石橋。橋長八一一丈，三六二孔〔三〕，被譽爲『天下無橋長此橋』，它是一九〇五年鄭州黄河大橋建成以前七八百年中我國最長的橋梁。

b·橋中石梁的跨越能力不斷提高，橋下淨空成倍增加

橋的石梁長度不斷增加：洛陽橋石梁長爲一一·八米，石笋橋的石梁長增至一四·五米，虎渡橋的石梁長則再增至二三·七米。虎渡橋的石梁是中外建橋史上最大的石梁，宋代黄樸在《虎渡橋記》中説，每一橋孔有三根石梁，最大橋孔的石梁每根『長八十尺，廣博皆六尺有奇』。新中國成立後文物保管部門曾進行過實測，該橋最大的石梁長二三·七米、寬一·七米、厚一·九米，與史書記載基本相符。按花崗石的密度爲每立方米二·七噸計，最大的石梁重達二〇七噸。根據強度理論驗算，當石梁長達二十三米時，在自重的作用下，跨中截面的彎拉應力達到花崗石抗拉極限應力的百分之九十。説明石梁已接近它允許的最大跨徑，要再增大，石梁將會在自重下斷裂。而在材料力學誕生前五百多年，又是如何找到這個數據的，是很值得探討的問題。正如李約瑟博士所説：這裏『存在着一個有趣的歷史性問題，他們是怎樣找到這個數據的，是經過艱苦的實際失敗經驗或者可能在采石場安排過預備性的實際材料强度試驗』〔四〕

橋下淨空的增大有利于泄洪、排潮和通航，所以在增大石梁橋跨度的同時，將過去建造厚橋墩改變爲建造薄橋墩，并將橋墩建成懸臂式。安平橋和石筍橋的橋墩寬度不到洛陽橋橋墩寬度的一半，而虎渡橋、石笋橋均用了挑出四層的懸臂石墩，每層挑出二十至三十厘米。橋梁淨跨徑與橋墩寬度的比值，是橋梁的重要技術指標；在百年中，比值就從一·〇三四(洛陽橋)發展到七·二五(石笋橋)。

橋墩能夠根據橋梁的不同部位、不同需要而選造不同形式，如安平橋在水流主幹道上采用二十七個雙邊船形橋墩，其餘部分用五十四個單邊船形墩和二五九個長方形墩。這樣

圖一〇　紹興八字橋透視圖

既省工省料、更加快了建橋的速度。

c·施工技術上的重大發展

北宋的洛陽橋開創了現代稱爲『筏形基礎』的新型橋基，并且，『種蠣于礎以爲固，至今賴焉』(《宋史》)。南宋時除少數橋仍需采用『筏形基礎』外，一般均用簡單方便的睡木沉基，即在潮落水枯時，將墩基泥沙抄平，然後用兩層以上縱橫交叉編成的木筏固定在築墩處，再在木筏上壘築墩石，隨着墩石的逐層增高，分量逐漸加重，木筏也就漸漸沉陷進泥沙之中，直到江底承重層。

石墩臺全用整條大石，一層縱一層橫叠置而成，構造簡單，施工便捷，壓重大，使淺基址難以漂動和鬆散，能有效地對付水流衝刷和浪潮拍擊，堅固耐用。

在石梁的架設上，據明代周亮工所撰《閩小記》和明萬曆年間編纂的《泉州府志》記載，洛陽橋(圖九)的築墩和架梁均采用浮運法，運載石梁的航筏在漲潮時把梁架設到墩上去，還用了簡易吊車幫忙，南宋時已普遍采用潮汐浮運架設石梁。據專家羅英先生稽考宋史和《癸辛雜志前集艮岳篇》中有關古代開采運輸巨石的記載，推測虎渡橋可能是仿效『昭功敷慶神運石』的辦法，即先將石梁各面和兩端琢鑿平整，然後以麻筋雜泥，混成圓柱，待曬堅實，用木車運到大船筏上，再利用潮汐漲落，把巨大石梁浮架至石墩上。

3·巧布平立面

僅以浙江紹興市内八字橋（圖一〇）爲例，橋處于三條街、三條河流的交匯點，因巧布平立面，既滿足了水陸（包括拉縴）交通要求，又不改街道，不拆房子。

（三）索橋

索橋首創于我國，用各種材料建成的多種形式的吊橋，種類最爲齊全。它們是現代吊橋、斜拉橋的雛型。直到今天，仍在影響着世界吊橋形式的發展。

單跨跨度達到一三四米的四川鹽源縣打衝河索橋，充分反映了竹索橋的技術成就。該橋處在險峻山壁之間，要承受運鹽駝隊，篾繩須受很大拉力，爲此把十八條篾繩分別繫緊在每頭一八〇根柱子上，以分散拉力。四川都江堰上的珠浦橋，橋全長三四〇米，八孔橋跨連續，增强了橋的穩定性。爲了使全橋二十四根竹索形成一體，每隔一至二米，用豎直木條兩對和衆多的鐵栓，對稱地將十二根橋攔索夾緊，豎直木條又與橋面下的横木梁聯結，形成U形木框。横梁又繫牢底索，全橋成爲整體。絞索設備安放在橋兩頭石室内的木籠中，用木絞車絞緊橋的底索，用大木柱絞緊扶攔索。大木籠上面，修建橋亭，亭分二層：上層用木梁密排，裝砌大石，以作壓重；下層中空，以便行人。布置得十分巧妙。

在明朝萬曆的《蜀中名勝記》中歸納出建造索橋的兩種方法。一種是用多根竹絙把梁斜拉住，竹絙錨繫在兩邊崖壁上。另一種是用若干垂直的竹篾繩把梁吊住，竹篾繩的一頭都繫在一根竹索上，竹索通過塔柱繫緊在兩岸的絞索設備上。兩種橋型都把索橋與梁橋結合起來，以解决索橋晃動大和梁橋難以跨越寬闊河谷的問題。看來當時的建橋者已有用加勁梁來增加索橋剛度的概念。

據古籍對四川、雲南、貴州、西藏、陝西五省的鐵索橋記載，粗略統計就有九十五座，其中明代修建的有十七座，跨度在百米以上的約有十座，最大的爲四川青衣江上的龍門鐵索橋，跨度一四二米，建于清光緒七年（一八八一年）。一四二〇年由藏戲創始人、西藏『鐵橋活佛』湯東杰布（一三八五至一四六五年）建成的鐵索橋，跨越雅魯藏布江，跨度一三八米，根據他畫的簡圖建橋，共建了約五十八座鐵索橋。藏族稱鐵索橋爲『扎桑巴』，僅據《西藏圖考》、《西藏源流考》、《西藏紀游》記載，西藏就有十座鐵索橋。這些鐵索橋均爲雙鏈、V形斷面。也有用四根鐵索的，上下索之間編上牛皮條或藤條，下部兩索綁上木板，可通人馬。

鐵索橋絶大多數是單孔的，僅有少數幾座雙孔的，如雲南省跨越怒江的惠人橋及雲龍

圖一一　一九三六年維修前趙州橋局部

縣的惠民橋。

鐵索橋承載重量很大。貴州盤江橋『日過牛馬千百群，皆負重而趨』，而霽虹橋等一些鐵索橋還要通過象、駱駝等大牲畜。

鐵索橋是一種柔性的可變體系，衹有拉直綳緊鐵索，以增加橋的剛度，減少橋面的撓曲變形。因此，我國古吊橋的垂度都很小，一般在跨度的百分之一至二百分之一之間。這就要慎重地選擇鐵索的根數及其尺寸大小，并對兩岸橋臺與錨定系統有較高的要求。鐵索橋兩端橋臺都有高差，鐵索斜置，這樣有利于拉緊鐵索，而且可以減少鐵索垂度以及使鐵索在自重作用下加强克制鐵索的側向摇晃。通過對瀘定鐵索橋橋索的强度與振動驗算，證實了有關過橋規定：一次過橋不得超過十五至三十人，不能集伍過橋，在橋上不能跳蹦等等，都是符合鐵鏈的受力要求的。我國重要的一些鐵索橋，都采用自錨式橋臺構造，即利用橋臺自重作爲壓重，來承受鐵索的巨大拉力。這是一項重大的技術成就。

我國古代吊橋通過外國商人，探險家、傳教士、外交人士、技術人員傳到西方。歐洲最早吊橋的設想是在一五九五年。西方第一座建成的鐵鏈吊橋，在英國，建于一七四一年，比我國至少晚十個世紀。

（四）拱橋

中國古拱橋形式之多，造型之美，技術之先進，爲世界矚目。許多杰出的石拱橋，反映了橋匠創造性地把橋梁的功能、技術和藝術有機綜合，達到十分完美的程度。其技術成就反應在敞肩拱、柔性墩與連拱、薄拱、雙鉸木拱、尖拱技術、反彎曲綫的應用、變寬度及變截面拱、聯拱墩臺等諸方面。

1．敞肩拱

敞肩圓弧石拱橋首創于我國。敞肩是指拱上建築由實腹演進爲空腹，以一系列小拱疊架于大拱之上。這樣可以減輕橋的自重，從而減小拱券厚度和墩臺的尺寸，并且增大橋梁的泄洪能力。建成于隋大業元年(六〇五年)的趙州橋是該橋型的世界先河，時隔七三〇餘年後，法國的賽蘭特(pont de Ceret)橋(一三二一至一三三九年)纔首開國外敞肩圓弧拱的記錄，且該橋的大拱圓弧，已近半圓。歐洲真正的敞肩圓弧拱，該從由法國工程師M·Paul Sejourne于十九世紀造的Pont Adolphe（阿道爾夫）橋算起。趙州橋的矢跨比爲一比五·一二；拱腹綫的半徑爲二七·三一米，拱中心夾角八十五度二十分三十三秒，是一

圖一二　趙州橋一九五四年修理前現狀圖

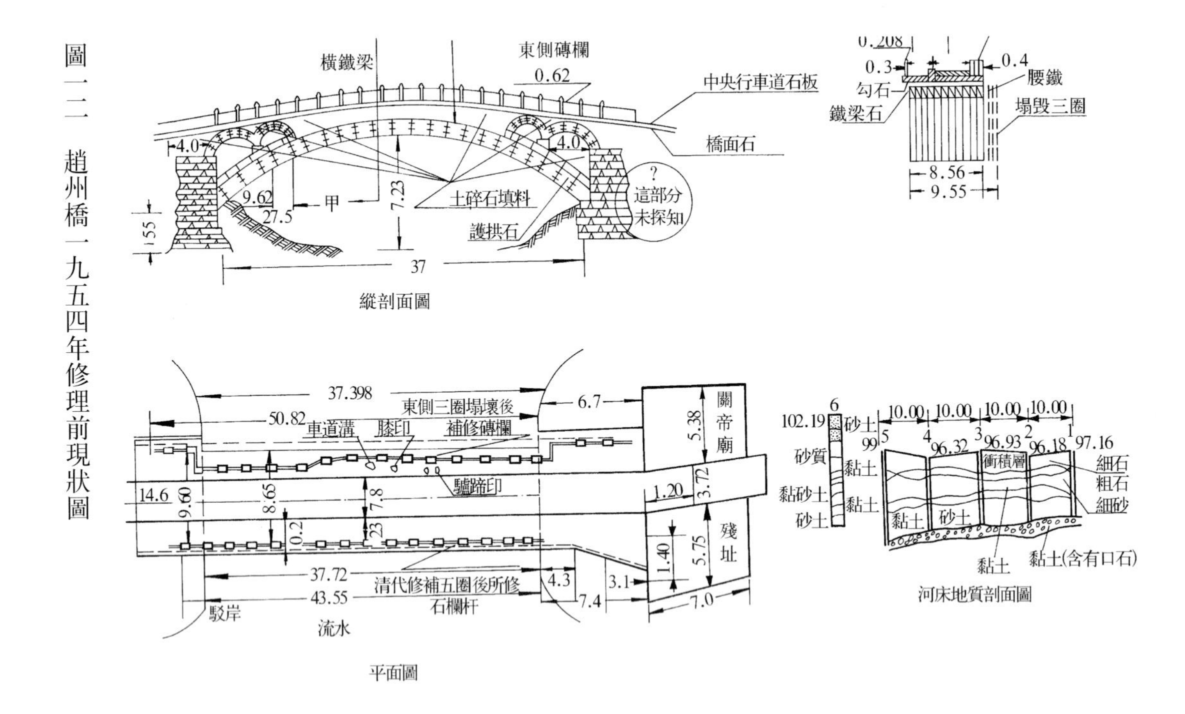

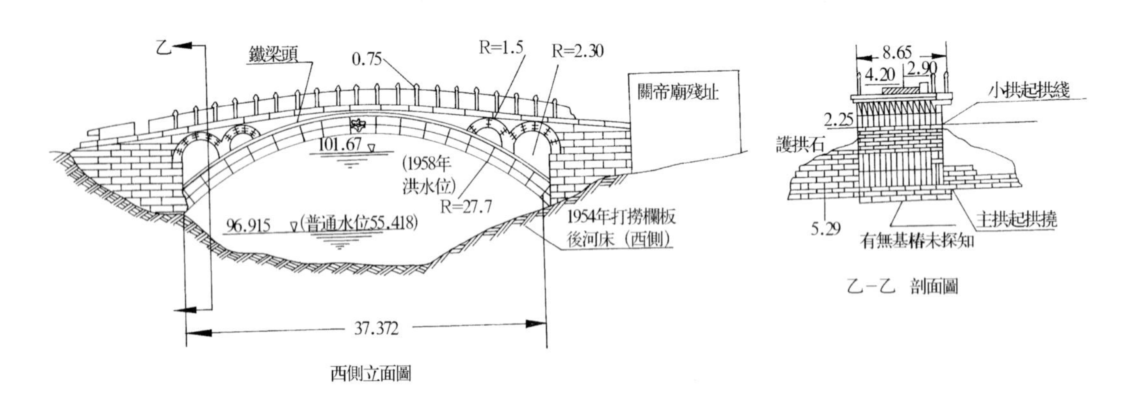

注：一九七九年鑽探結果是淺基礎、無木樁、短橋臺。

圖一三　柔性墩受荷變形圖

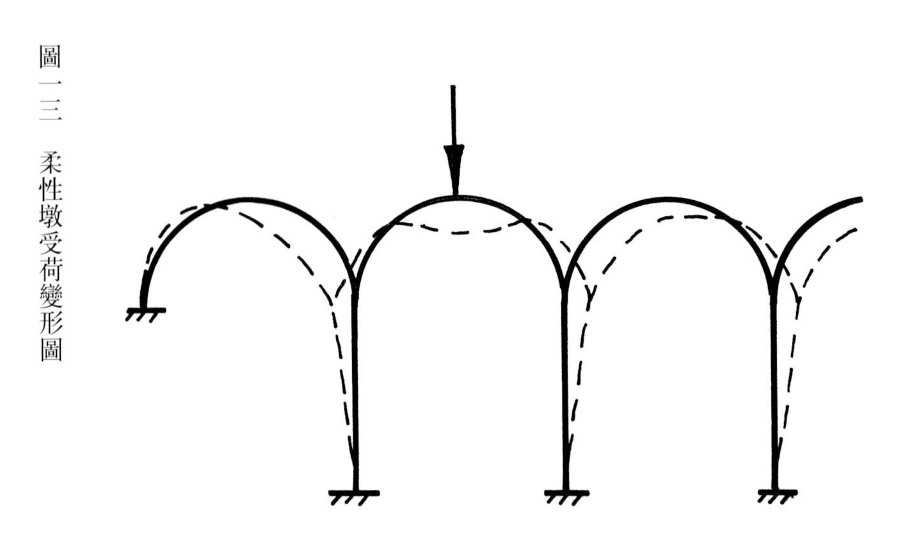

圖一四　北宋『清明上河圖』中虹橋

座很扁的圓弧拱橋。其矢跨比保持了九四〇餘年的世界記錄。英國李約瑟教授認爲『李春顯然建成了一個學派和風格，并延續了數世紀之久』，『李春的敞肩拱橋的建造是許多鋼筋混凝土橋的祖先』（圖一二）。用現代力學原理對趙州橋進行計算和驗核，發現由于在拱肩上挖了四個對稱的小拱和采用三十厘米厚的拱頂薄填石後，使拱軸綫和恒載壓力綫相當接近，特別是拱頂、拱四分之一、拱脚五點幾乎重合，使石拱券各個横截面上都受壓力，幾乎不受拉力。使二綫重合是現代圬工拱橋設計的基礎，而趙州橋在實踐中已基本解決。采用敞肩和薄填層，大大減輕了橋的自重。實地鑽探結果：橋是低拱脚、淺基礎（深一·五七米，基底爲亞黏土、無木樁）、短橋臺（長五·八〇米），千餘年來，橋臺基礎整體無顯著的沉陷。經過驗算，每平方米基底壓力是三·一至四·四公斤，與輕亞黏土的允許應力接近。二是把基礎面抗滑力加上橋臺後土壓，纔滿足橋的抗滑要求。橋臺設計得很經濟。

趙州橋用并列砌築拱券，缺點是二十八道并列拱券横向聯係很差，李春等匠師對此也有認識，所采用的横向聯係方法是用護拱石、勾石、鐵拉杆、腰鐵和收分。在空腹段橋寬方向滿鋪護拱石，靠護石和拱券石背之間的摩擦力以聯係。兩側護拱各設有六塊勾頭石，石長一·二米，其外端如勾，下伸五厘米，以勾住最外一道拱券不使外傾。主拱券背均匀地設有五道鐵拉杆，每個小拱頂也各有一根。拉杆兩端有半圓球頭，伸在拱石外，也起勾聯的作用。拱石與拱石之間，兩側立面内有腰鐵相聯，各道券之間，在拱背上也用腰鐵互相聯係。拱頂處拱券比拱脚處窄六十厘米，拱券收分利于防止券石外傾（圖一一）。自隋唐宋以後，這種并列砌築法，除偶見于小跨石拱橋外，已不多用，現存的明清石拱橋中幾未見到。可見我國歷代匠師善于師其所長，避其所短，使橋工技術不斷精進。

2·柔性墩與連拱、多鉸式拱券

柔性墩又稱薄墩，所謂薄是對拱跨徑之比來定的，其比在〇·〇四至〇·一〇之間均可視爲薄墩，現代稱其爲連拱拱橋。薄墩聯拱結構，當主孔受載，會引起兩邊橋墩産生變形，從而把力和變形傳到相鄰孔，使鄰孔共同承載（圖一三），減少承載孔的橋墩水平推力，從而把橋墩做薄，利于排水過船，減少水下工程的工作量。十八世紀法國橋梁大師貝龍（Jean Perronet 一七〇八至一七七四年）從理論上證明橋跨徑與橋墩厚之比可以做到一〇比一至一二比一。而在我國江南水鄉常可見到薄墩拱橋，如建于明弘治十一年（一四九八年）的浙江餘杭市塘棲鎮的七孔廣濟長橋，墩厚近一米，與最大拱淨跨之比爲一五·

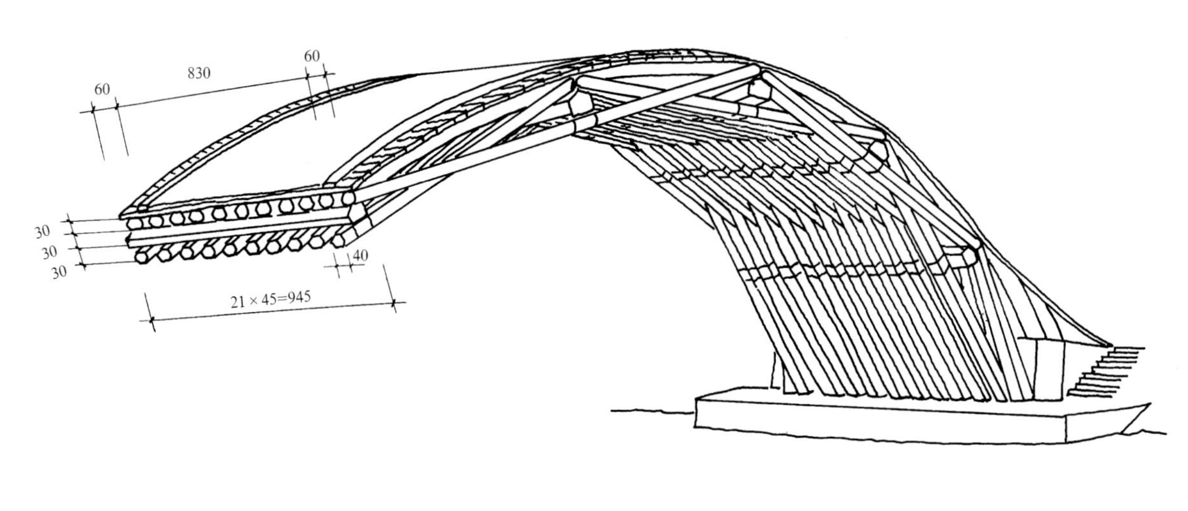

圖一五之一　虹橋斷面示意簡圖

八比一（比值最小的是上海朱家角的放生橋，爲一六・一比一），三百餘年前就超過了貝龍理論上的最小許可值。創建于唐，明正統七年（一四四二年）建成現橋型的寶帶橋，因是縴道型橋，橋下排水十分重要，墩厚僅爲六十厘米，橋下泄水面積達百分之八十五。

薄墩帶來了多孔連拱在施工與使用中始終要保持所受水平推力的均衡。寶帶橋于一八六三年以及吳江垂虹橋于一九六八年均因受力失衡而逐孔連續倒塌。爲此，寶帶橋在二十七與二十八孔之間做了一個厚橋墩，寬度爲二・二三米，爲其他墩寬的三倍多，墩的長度又比其他墩長八十厘米，上面安置着『鎮妖』石塔一尊，是地道的制動墩。這説明了建造寶帶橋等水鄉石拱的匠師，在實踐中已掌握了連拱的特性。建造多孔薄墩連拱拱橋中，在孔數較多時，要加設厚墩，如建于明代的九孔蘇州石湖行春橋，中間大孔兩邊的橋墩，均爲厚墩。

薄墩出現在江南水鄉，與江南河流水勢平緩，水運繁忙有關。薄墩聯拱中孔最大，兩邊橋孔徑依次按比例遞減，形成全橋縱坡和順，妥貼銜接河岸，便利水陸交通。多數薄墩聯拱橋，橋脚橋寬大于橋中，適應了江南軟土地基上受力的要求。

多鉸式拱券有兩種，一是無鉸石的并列砌置拱券，將相鄰的拱石直接榫接起來，宋代及其以前的石拱橋拱券屬于這一種；二是用長鉸石作爲中介，它是一條長度與橋寬相等的長石，兩側都有卯槽，用來聯鎖上下兩排拱石。蘇州等地橋工稱其爲『龍筋』。它使并列的拱券沿横向形成整體，加強了橋的側向穩定性，并且能使重車荷載較均勻地分布到并列的各拱券。其作用猶如現代橋梁中的横隔梁。這類多鉸拱（這種鉸是不完全鉸，能傳遞一定的力矩）還有一種獨特的優點，就是當拱橋發生温度變化、基礎沉陷或承受不對稱的活荷載（車、馬、人群等）時，各條拱石的石榫能在長鉸石的榫眼裏作微小的運動，自動對拱券的形狀作微小的調整，使拱券受力有所改善。這時，拱橋的邊墻、填料還多少有助于增加多鉸石拱橋的剛度。在蘇州、紹興一帶數以千計的石拱橋中，一般都采用這類拱券，它是在無鉸石拱券基礎上發展形成的，是一項重要的技術成果。

3・薄拱、尖拱及壓拱技術

二十世紀三四十年代載重汽車通行後，就逐步把數以萬計的古石拱橋稍作改造，成爲公路橋梁，其中不少古石拱橋的主拱券厚度，在相同的汽車等級荷載作用下，比根據我國現行石拱橋設計規範計算出的在同等跨度下的主拱厚度小得多，我們稱這類古石拱橋爲薄拱石橋。如浙江彭溪橋，單孔石拱，淨跨二十二米，清光緒庚辰年建，拱券厚六十五厘

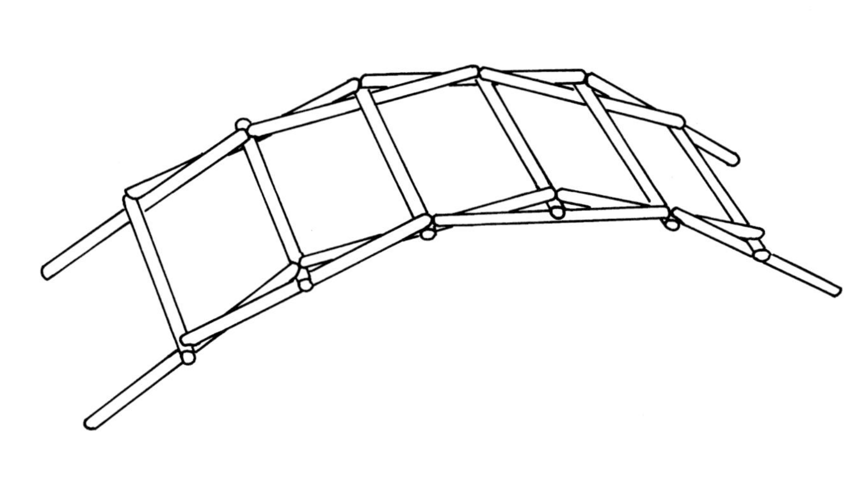

圖一五之二　虹橋結構簡圖

米。若套用交通部一九五九年公路石拱橋標準圖，拱券厚要一百厘米。古石拱橋反而薄三分之一。

實腹拱的拱上結構不僅起傳力作用，更是與拱券形成一個整體，能幫助拱券承受荷載。特别是江南石拱橋的邊墻、間壁、長繫石等形成一定聯係，當石拱受載變形時能在一定程度上限制石拱變形，能增大主拱券的强度和剛度，也爲改成公路橋提供了條件。

關于尖拱與壓拱。清《文昌橋志》記『空其中一石以待合攏，一石緊，則全瓮之石皆緊矣。』就是尖拱技術。尖拱是一種拱券合攏技術，其方法是將硬木楔用錘打入龍口，使拱石逐漸逼緊，兩邊隆起，脱離拱架，裝配成拱。其開創于何時尚不清楚，而在明、清時建造的横聯砌築的石拱橋中已被普遍運用。它不僅爲了卸拱架的需要，而且對拱券施加了預壓力，增加了拱券的穩定性和抗彎能力。古橋中放置在尖拱處的龍門石，加工精細，常雕刻着各式圖案。

在分節并列砌築的石拱橋中，由于拱石有榫及槽，不能采用尖拱，爲使拱石密合，采用『壓拱』的辦法。即分段在適當的地位先于拱背壓重，使拱石密貼，然後再砌築山花墻和填滿拱上建築。

4．木拱

從《清明上河圖》中可以清楚地看出虹橋的結構（圖一五）。從橋下看去，在橋的寬度内一共并列有二十一組拱骨，拱骨爲圓木，徑約四十厘米，其上下兩面鋸或錛成平面。二十一組拱骨，共分有二個系統。最外面一組拱骨，稱爲第一系統，是二根長拱骨和二根短拱骨；再裏面一組，稱爲第二系統，是由三根等長的拱骨組成。如此排列過去，共十一組第一系統和十組第二系統。第一系統單獨存在時是一個不穩定的結構，于是在兩個系統拱木的交會點，設置横貫全橋寬度的横木，全橋共有五根横木。横木起聯係拱骨，使成穩定結構和在横向分配活載的作用。下面和上面兩個横拱骨与另一系統拱骨相交的傾斜面，也可能局部錛成平面，以使接觸密貼，結構穩定。《澠水燕談錄》稱：『取巨木數十相貫』的『貫』字，确切地形容了這一結構。拱骨与横木之間的聯結，從圖上所畫綫條看，可能是捆綁式結構，或是某種特製的箍形鐵件。依靠横木和綁扎繩子或箍件把兩個系統組成一個十二次超静定結構。經用電子計算机根據考證所得尺寸和載重進行驗算，證明橋各構件應力均在允許範圍内。每根横木端部，釘有長方木板一塊，上畫獸頭，拱骨上横鋪橋面板，順拱勢到接岸處成反彎曲綫，使道路和順，也增加了橋的美觀。拱橋要産生推力，所以『壘巨石固其岸』，即用方正的條石砌築橋臺，臺前留有縴道。在世界橋梁史上這是我國獨創的橋梁結構形式。

通過對浙南山區的梅崇橋與仙居橋和閩北的千乘橋、餘慶橋等木拱橋的調查測繪，瞭解到它們的結構布置和細節構造基本是一致的。以梅崇橋爲例（圖一六），它的基本結構亦爲兩個系統：第一系統爲五根短拱骨，較虹橋多一根拱骨，拱骨排成折邊形，當地稱爲

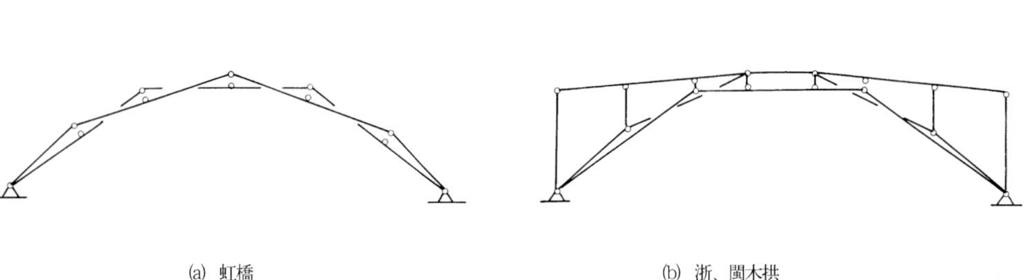

(a) 虹橋　　(b) 浙、閩木拱

圖一六　梅崇橋結構及木拱結構計算模式圖

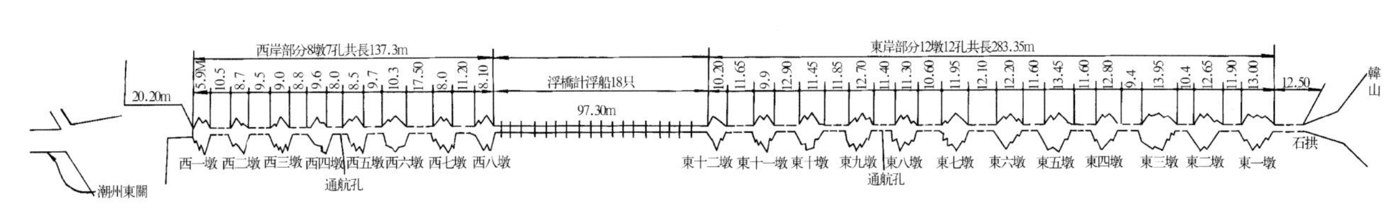

圖一七　古廣濟橋圖

五節苗。第二系統爲三根長拱骨，和虹橋相同，當地稱爲三節苗。第一系統并列九組。第二系統并列八組，但最上一根拱骨通過横木，改爲九根，兩組穿插，唯有頂上的拱骨是同數而互相對齊的。拱骨聯結的横木和虹橋不同，横木兩側開鑿以納拱木梢，成爲榫接。第二系統端支點的横木是端豎排架的下横木，形成一個很好的傳遞推力和垂直反力到石岸的結構。斜拱骨大頭徑約四十厘米，梢頭在上，徑約二十厘米，直接在三十厘米寬、三十五厘米高的大牛頭横木刻圓卯嵌入。水平拱骨取粗細比較均勻的大木，徑約四十厘米，和横木以燕尾榫聯結。横木上的燕尾榫槽，不透梁底。結構閉合後，水平拱骨還可承受橋面載重，起梁的作用。第一系統的下横木，頂在端柱排架下部，避免兩個系統拱骨交于一處，集中過多的榫接。

橋面布置和虹橋不同，除中間一段直接支承在第一系統水平拱骨上外，左右尚設橋面系，在第一系統的中間横梁上，設立三根短柱組成的小排架。橋面系九根木縱梁，一端頂住端豎排架上横梁，另一端頂住第一系統上横梁，并和第一系統的水平拱骨一起，組成一個從左岸到右岸聯通頂緊的水平支撑。在結構上起到了平衡傳遞兩岸端豎排架後端的水平推力的作用，又起到抵制第一系統，甚至整個結構在偏載作用下産生的側移，布置巧妙。考慮到拱骨都是并列的，爲避免産生垂直于橋軸方向的側移，在第二系統上横木和端豎排架之間設有剪刀撑（仙居橋的第一、二系統都有剪刀撑）。第一系統的側移靠兩系統拱骨之間的楔木來保證。

兩個系統之間，没有像虹橋結構那樣的捆綁或鐵件聯結，力的傳遞和共同作用，靠橋面縱梁和小排架，又靠橋屋自重作爲壓重，而在偏載活載的作用下，杆件裏始終是壓力。

橋屋共有屋架一六榀，引伸至橋堍兩岸各一開間，覆蓋住全橋。

考查發現，這些橋梁均出于福建匠師之手。

據《澠水燕談錄》中關于『汾、汴皆飛橋』的記載，説明虹橋技術曾推廣到山西。甘肅渭源木橋是以發源于甘肅的木伸臂梁，結合虹橋式木拱，建成了富有曲綫變化的橋。

我國建造石拱橋的技藝對于世界拱橋建造影響深遠。敞肩拱、盧溝橋早已聞名歐洲，而受頤和園玉帶橋蛋形尖拱、橋面反彎曲綫造型的影響，一九一六年在紐約市建成獄門橋（Hell Gate Bridge，長二九七・九米）和一九三二年在悉尼市建成的悉尼港橋（Sydney Harbor Bridge，長五〇二・九米）兩座大跨度鋼桁拱橋都采用了反彎曲綫形的上弦，以便适應拱的受力和橋門架通過車輛的功能要求。至遲在明朝，石拱橋技藝東傳日本及周邊各國，還派出匠人直接修造。例如一六三四年我國江西僧侣如定設計的眼鏡橋和一六四五年中國林守殿（音）建造的日本鳴潼橋。眼鏡橋在日本長崎縣，被日本史書贊美爲『日本最古、最有名的石拱橋之一』，在二十世紀五十年代一次大水中，雖現代橋梁全被衝毀，而雙孔半圓拱的眼鏡橋竟安然無恙，令人驚奇。從此，被日本定爲國家重點文物，并加以維護。

（五）浮橋

一九八六年被列爲國家重點文物的廣濟橋（又名濟川橋、湘子橋）（圖一七）是座石梁橋和浮橋相結合的橋梁，它位于潮州市東門外，正對濟川門，橫跨韓江，始建于宋乾道六年（一一七〇年）。廣濟橋由東西兩段梁橋和中間長九七·三米的浮橋組成，浮橋由二十四至十八隻梭船搭成（明姚友直《廣濟橋記》：『設舟二十四爲浮梁，固以欄楯，鐵絙三連亘以渡往來，……』）。梁橋与浮橋的銜接在東西兩端靠浮橋的橋墩上築有二十四個石砌階梯，作爲上下浮橋的通道，西第七號墩上游還建有拉梭船的拉索墩，以使梁橋与浮橋緊相連。浮橋『晨夕兩開，以通舟楫』。它開了中外早期開合橋梁的先河。廣濟橋橋型的產生，是由于韓江潮州段水勢湍急，再加上潮汐影響，更是洶涌澎湃，『中流驚湍尤深，不可爲墩』。兩端橋墩就修建幾十年，其中西段建了五十六年，東段建了十五年，而且橋墩特別寬大，所有橋墩寬度相加達二〇七米，占橋全長的百分之四十，爲建橋史上所罕見。

浮橋除有如廣濟橋那樣的『開合隨意』的特點外，還有施工快速、造价低廉和橋位可上下移動等特點。

顯示我國浮橋技術成果還有三點：

一是建橋速度快。如，一八五二年十二月三〇日，太平天國農民軍一個晚上在武漢三鎮的長江上架起長約三千米浮橋；又如在公元九七四年宋太祖趙匡胤在討滅南唐的戰役中，在安徽當塗采石磯，僅用三天時間架好了長約千米的長江浮橋，數以萬計的宋軍飛速過江，拿下南唐首都金陵（今南京）。民用浮橋架設時間也很短，如江西貴溪上清橋，始建于宋，橋長九十丈（約合二九〇米），用船七十隻，百天之內就建成。

二是設置平面或立體式的通航孔。爲了便于船隻通過浮橋，一般都設有通航孔。山東德州廣川橋：『舟至則啓，舟過則合』（清·常名楊《德州浮梁記》）。最簡單的通航孔采用撤板式，有平面与垂直撤板兩種，還有旋轉開啓。開啓式通航孔可稱爲平交式，在船隻通過浮橋時，橋上交通必然中斷。《金華縣志》載，浙江宏濟橋在明正德年間『以舟往來必撤板得過，乃支木爲二垛以通之』，即把平交式的通航孔改爲立交式。立交式浮橋創自宋代。《宋會要輯稿·方域》記：『大中祥符八年（一〇一五年）六月，河西軍節度使河陽石普言，陝府澶州（現河南清豐）浮橋，每有綱船往來，逐便折橋放過，甚有阻滯。今造到小樣（模型）脚船八隻。若逐處有岸，即將高脚船從岸鋪使，漸次將低脚船排使。如無岸處，即兩連用低脚船，以次鋪排。中間使高脚船八隻作虹橋，其過往舟船，于水深洪內透放，并具樣進呈，帝令三司定奪開奏。』一座橋梁采用新的形式，一直要奏本到皇帝，可見重要。

三是解决了在潮汐河流修建浮橋。由于晨昏潮汐的起伏，浮橋會隨潮水漲落而升降，采用可隨水位上下而升降橋面的多孔棧橋，解决與与河岸銜接的問題。首次運用此種方法建造的是浙江臨海縣南門外跨越靈江的浮橋，原名中津橋。該橋于『宋淳熙八年（一一八一年）由郡守唐仲友創建，長八十六丈（約合二八三米），廣一丈六尺（約合五·二五米）』（《臨海縣志》），用船五十隻，其中有高脚船，做成立體交叉式浮橋。該橋距東海較近，潮汐使靈江水面一日間漲落相差數米。爲此，唐仲友采取了『度高下，量廣深，立程度，以寸擬丈（即一比一百的比例），創木樣（木模型）置水池中，節水以筒，效潮進退，觀者開喻，然後賦役』的方法。在浮橋與河岸銜接方面，采取浮橋一端固定岸邊，另一端使『橋不及岸十五尋（每尋爲八尺），爲六筏，維以柱二十，固以楗（地檻），筏隨潮與岸低昂，續以板四（跳板）』。就是說，在河岸與浮橋之間，建造一座十二丈長的棧橋，全橋有六個筏，根據河岸陡度和江水潮汐變化情況，用筏來調節棧橋橋面，變換坡度，和順地把浮橋與河岸連接好。這些，已接近現代浮橋的做法了。

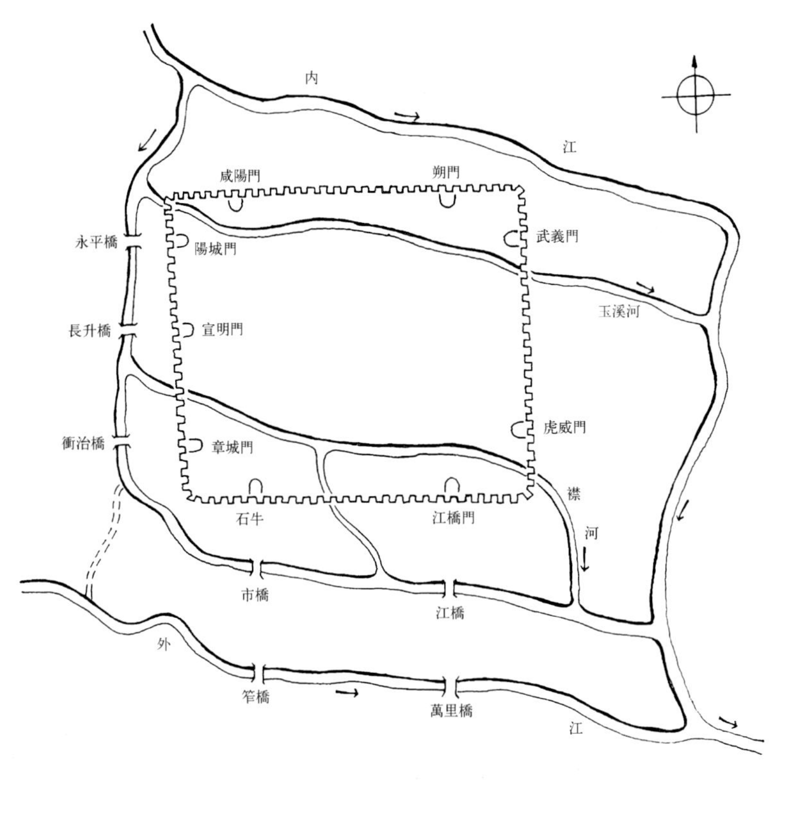

圖一八 七星橋位置示意圖

（六）橋群

關于橋群最早記載是西漢·揚雄《蜀記》中的成都（古稱益州）七星橋：『橋上應七星，秦·李冰所造（公元前二五六至二五一年）。按七星橋者，一長里橋，今名萬里；二曰貞星橋，今曰安平；

三璣星橋，今名建昌；四夷星橋，今名笮橋；五尾星橋，今名升仙。……』。四川省博物館在本世紀七十年代根據晉朝《華陽國志》中對七星橋的記載，復原了七星橋的位置示意圖（圖一八）。

北宋皇都開封（時稱汴京）在穿城的蔡河、汴河、五丈河、金水河四條河上，共有橋梁三十一座（《東京夢華錄》）。

江南水鄉的古今城鎮，橋梁密布，形成群落，稠密程度之高世界罕見。以橋梁之盛聞名中外的蘇州，素有『東方威尼斯』之稱，其實橋梁密度蘇州遠遠超過意大利水城威尼斯。唐朝《吳地紀》載：『吳門三九○橋』。蘇郡三橫四直圖（圖二○）顯示，南宋時蘇州城有橋三六九座，《吳中紀聞》上記有橋名者有三六○個。金元明清各代，橋梁有毀有建，迄于清末，蘇州府所屬的吳縣、元和、長洲等處共有橋梁七百餘座，府城內有三○九座。當時蘇州府城內面積約二十一平方公里，平均每平方公里有橋一四·七座。而威尼斯在二次世界大戰前有橋三七八座，城市面積五六七平方公里，平均每平方公里有橋○·六六七座。蘇州橋梁密度是威尼斯的二一·九倍。從清光緒癸巳(一八九三年)春所出的《紹興府城衢路圖》（圖一九）上看，橋梁密度更高。當時紹興城市面積七·四平方公里，圖中就有橋梁一八八座，平均每平方公里有橋二○·九四六座，爲威尼斯的四六·四二倍。

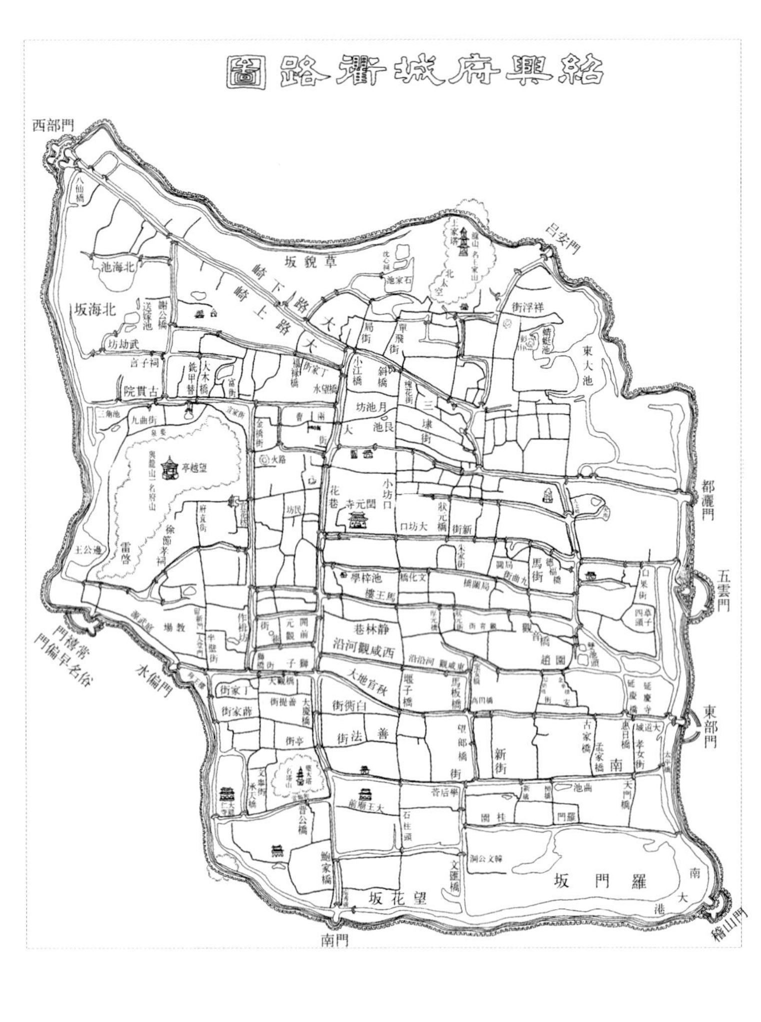

圖一九　清光緒紹興府城衢路圖

雲南麗江古城，又名大研鎮，坐落在海拔二千四百米的高原上，象山腳下黑龍潭玉泉水分西、中、東三路，蜿蜒穿城，環鎮越街，入院繞屋，形成『小橋、流水、人家』。石板路、石拱橋及栗木橋密如蛛網，形成古城交通網絡。據一九九六年統計，全鎮有橋五十一座，最大最古的爲麗江大橋，雙孔石拱，建于明代。麗江古城有高原小姑蘇、東方威尼斯的美稱，一九九七年被聯合國教科文組織列入世界文化遺產名錄。

橋群還與其他建築物組成美麗的圖案。如用直古鎮被喻作『青龍』，龍首是鎮東的正

蘇郡城河三橫四直圖　嘉慶二年

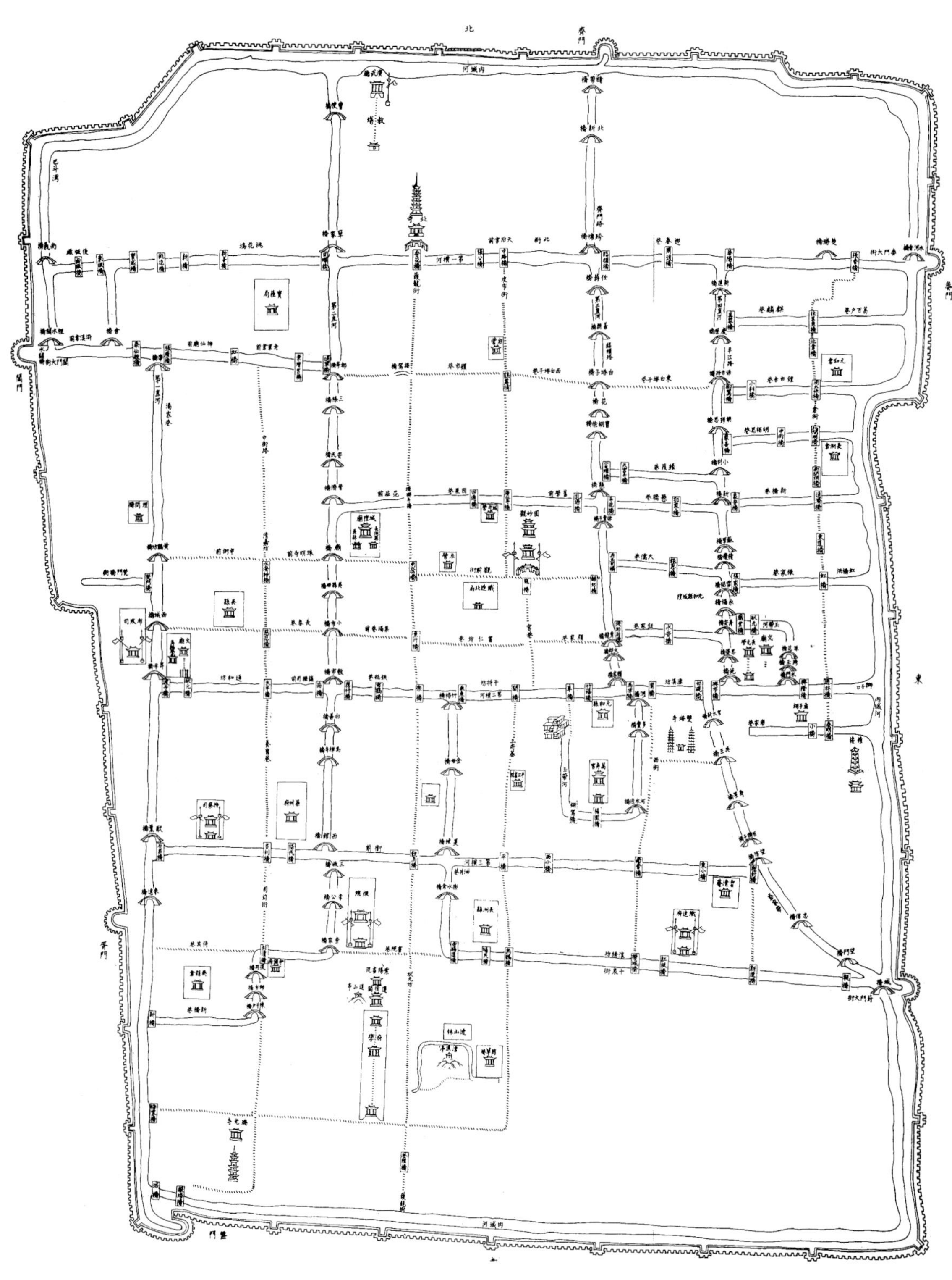

圖二〇　蘇郡城河三橫四直圖

陽大橋，又名青龍橋；橋堍原有城隍廟各一座，象徵『龍的眼目』；另有竹、木行各一家，算是『龍角』；鎮東百米處河中有蓮花墩，是『夜明珠』；鎮上三里長街爲『龍身骨』；七十二．五座橋梁是『龍骨節』；成千家青瓦房爲『龍鱗』；各條港汊爲『龍爪』；鎮西的西美大橋就是『龍尾』。而在同一太湖水網地區的浙江湖州雙林古鎮，把橋群與其他建築物組成一隻『金鳳』圖案，而兩古鎮的直綫距離僅爲七六．八公里。這一現象尚待研究。

三　古橋藝術與文化

人的一生中，不知要走過多少橋，有意無意地欣賞着多少橋的迷人景色，或淺或深地領略着多少橋的畫意詩情。稱得上藝術品的建築，總會給人以一種美的享受。

美應有三類：自然美、社會生活美和藝術美。藝術美能夠把自然美和社會生活美集中作突出表現，以更加感染人、打動人。審美的對象客觀存在，審美一定會有標準，而標準是相對的，因時、因地、因民族、因人而有所不同。

橋梁是路的延續，是跨空實用建築。正如兩千多年前羅馬的建築理論家維特魯威（Marcus Vitrvius Pollio）提出的：『所有的建築需要堅固、實用和美麗』。橋梁藝術是一種實用的造型藝術，實用是它的前提，沒有了實用便不成其爲橋梁，藝術就無從談起。與此同時，不是每座實用建築（包括橋梁）都是美麗的，更不都是藝術品。因此，歷代中外建築師都主張建築藝術是功能（實用又經濟）和美的結合。橋梁建築把兩者結合得很好的是少數，古橋中更不多見。這是因爲絕大多數建橋者，僅考慮實用與堅固（安全），不考慮或很少考慮美觀。可是由于橋梁是臨空建築物，當它建成被使用，就會給人們一種感覺，造成一種自然美。可以説，橋梁功能的實現，本身就是一種美。而且橋梁這種『空間藝術』是處于自然環境這一大空間中的，爲衆人『免費』鑒賞。

橋梁建築藝術是建築藝術的一個分支，既有建築藝術的一般規律，又有其本身的特點。優美的橋梁首要的是自身很美，達到了內容和形式的統一，主觀與客觀的統一，主體與環境的和諧。橋梁的內容包括它的功能、結構、材料和技術，園林或風景區中的橋梁，城市橋梁（特別是作爲城市象徵性的橋），藝術上的美必須是橋梁功能的組成部分。兼有防禦、宗教、休憩觀賞、商業、紀念等不同功能的橋梁，決定了它具有相應的外形、附屬構築物及其藝術裝飾。

橋梁藝術同樣具有時代性、地區性、民族性。宋代在泉州掀起大造長大石梁橋的熱潮，當時把成堆、成壠的石墩石梁橋視爲美的建築物，就如唐朝把豐滿的胖女人視爲美女一般。橋梁鎮水之物各地不同，廣東湘子橋用的是鐵牛，四川瀘定橋用的是鑄鐵犀牛與蜈蚣，福建洛陽橋用的是武士石像和各種形式的佛塔、佛殿，北京盧溝橋用的是石獅與石象。就以橋上的石獅爲例，雲南是寬尾的，其他地區是狹尾的。我國古代建築藝術上的八寶盒、玉魚、鼓板、龍門、靈芝、松、蝙蝠、鶴，在石橋及其附屬建築中以各種方式反映出來。民間神話中八仙手中的蒲扇、寶劍、花籃、洞簫等法寶在石橋的欄板上經常可見。在佛教盛行的地區，佛幡、飛輪、蓮座等圖案，則常反映在石橋上。

本書重點介紹的十二座全國重點文物保護單位的古橋梁以及霽虹橋、小商橋和虹橋都是把功能和美巧妙結合的佳作，特別是趙州橋、盧溝橋。美國建築專家伊麗莎白·莫克在其《橋梁建築藝術》（一九四九年版）書中贊譽趙州橋：『結構如此合乎邏輯和美麗，使大部分西方石橋，在對照之下，顯得笨重和不明確』。《馬可·波羅游記》中對盧溝橋的描繪：『河上有一美麗石橋，各處橋梁之美鮮有及之者。……。此誠壯觀，自入橋至出橋皆然。』由此，在盧溝橋建成百年以後，這座『美麗石橋』就在歐洲傳開了。

（一）古橋藝術風格

中國古橋在數千年的實踐中形成了自己獨特的藝術風格。首先是藝術服從并服務于功能，包括防衛、商業、拉縴、收費等附屬功能，其次是追求橋梁的形態與自然環境協調和諧，從不喧賓奪主。在中後期的古橋建築中，建設者努力實現技術與藝術渾然融合、結構與形式的統一，盡可能使橋梁的內在美和外形美兼而有之，常常顯現出我國藝術寫實傾向與浪漫主義創作思想巧妙結合的特色。不少古橋逐步成爲體現中國傳統藝術的綜合性建築物，具有鮮明的民族性、地區性。在橋堍上，在石拱橋拱頂石、橋欄板及望柱上，有獨特的華表與牌樓，取鎮水的塔，守護的石獅，治水的龍，吸水的獸，立碑的亭；浮橋的纜繩維繫在鐵牛身上，取牛的力大；橋上從不用西方耶蘇或人體的雕像，而是用佛的浮雕或獅、象、塔、神的雕像等等。

1．橋的主體

圖二二一　趙州橋棋圖頂鎖口石上的龍頭雕刻

橋的主體形象美是首要的，橋的主體形式的選擇取決于功能要求、地理環境、材料性質、結構組成、技術水平等因素，它是以綫、形、式、體來表達的。

古橋主體美反映在它真實體現了所用材料的性能特點和材料質感。古吊橋凌空而建，真實表露了竹索、藤網、鐵鏈耐拉不可壓的性能；顯示吊橋的剛，全賴于索的柔，剛柔結合，把結構和藝術相融合。石拱橋形狀娟好，反映出石料、磚等耐壓不耐拉的性能，把拱曲綫柔和與石料的剛强相結合。梁式橋基本上富于直綫的剛勁美，要求梁高小，跨度大，以顯示纖細剛勁。由于古梁橋所用木、石天然材料難以做到纖細剛勁。就把直綫變成曲綫或折綫：如秦、漢、唐所建渭橋都建成八字形的，它首先滿足河中通航的要求，又妥爲與兩岸相銜接。多孔石梁橋做成三曲、九曲、蛇形、臺階式、八字形式等以滿足交通、環境、習俗等各種需要而進行靈活布置。同時，在材料的色澤、質感上表現出其原有素質，從而顯露出石橋的凝重，木橋的輕盈，索橋的驚險，卵石橋的危立。

古橋橋型絶大部分具有對稱性，有和順的旋律，但有時也取突兀的變化來加强氣氛。如蘇州的五十三孔寶帶橋的中間設有三個通航孔，中孔最大，兩側邊孔略大于其他孔，由于全橋均爲半圓石拱，形成中間橋面隆起，出現順滑波折，雖然三孔并不處在橋中央，仍使全橋猶如『寶帶』浮水，實虛交映，分外多嬌。又如浙江紹興太平橋是一孔石拱和九孔高低石梁相結合的橋，縴道沿拱脚貫穿而過，橋面也是變寬度的，爲少見的不對稱布置，它的布局滿足了運河上大小船隻的通航和陸上行人及拉縴者的需要，工程又省工省料，從而産生了别致的藝術造型。階段式的橋面起伏，使過橋者以及欣賞者獲得漸次躍進的旋律。再如浙江黄岩五洞橋，五孔石拱，橋面隨着拱頂面曲綫作波浪式前進，橋欄杆及望柱配合橋面起伏轉折的節奏而布置，如游龍浮水。

趙州橋是一座綜合的藝術精品。在曲梁如波，弧形平坦的主拱綫上，對稱地輕伏着四個小拱。它既增加了泄洪水面積百分之十六・五，又減輕橋梁自重約五百多噸，使橋梁安全度增加百分之十一・四。還使橋的主拱拱軸綫與恒載壓力綫相當吻合，主截面基本均匀受壓。同時産生了巨身空靈，綫條明快，輕盈秀逸的藝術效果。從橋的兩側看，有高低起波綫三條，即橋面縱坡綫、護拱石綫和大拱圓弧曲綫；小拱稍作收回，上下各起綫兩條。縱坡綫最爲平坦，它是因采用低的拱脚位置和薄拱頂填石而形成，便利了板車騾馬行人過橋。同時使多種綫條搭配，錯落有致。腰鐵、勾石、鐵欄杆半圓球頭均匀點布其間，爲橋的横向建築形象增添姿色。在仰天石（現稱帽石）和龍門石（現稱鎖口石）分别裝雕着蓮花和龍頭（圖二二一）。龍頭意示一種吸水獸，寄寓石橋不受水害，永久長存。石橋的欄板、望柱上有各式蛟龍、獸面、花飾、竹節等石雕。其中六朝的斗子捲葉欄板雕刻風格與石橋鄰近的天龍山、響堂山等石窟藝術風格相似，全橋處處反映出把藝術寫實傾向與浪漫主義創作思想相結合的特色。

木伸臂梁橋橋墩上木梁支座處運用杠杆原理將跨中負載分數次（懸伸出幾層就傳遞幾次）逐層傳遞到橋墩（臺）上，若把橋亭（樓）砌在橋墩（臺）上。既保護了木梁，又能鎮壓住木梁支座，達到重力平衡，同時爲橋梁增添色彩，全橋猶如展翅的鳥，『飛橋』之名油然而生，給人以『飛閣流丹，下臨無地』的美感。

吊橋主體之美，用一些古詩詞來描繪也很有代表性。南宋時江蘇吳江文人范成大曾經過四川都江堰的珠浦索橋（又名安瀾橋），在記錄了橋梁情況後，描繪了橋狀及下馬過橋的感受：『大風過之，掀舉幡幡然，大略如漁人曬網，染家晾彩帛之狀。又須捨輿疾步，從容則震掉不可立，同行者失色』。并作詩《戲題索橋》：『織罩匀鋪面，排繩疆架空。染人高曬帛，獵户遠張疃。薄薄難承雨，翻翻不受風。何時將蜀客，東下看垂虹。』而楊均的《安瀾橋詩》：『波濤洶湧相擊搏，岸闊江深惟構索，果然人巧奪天工，百丈長橋善斟酌』，更能反映出安瀾索橋的主體美。明崇禎時參政朱家民在貴州北盤江鐵索橋建成後，欣喜作詩：『牂牁形勢白雲盤，山插層霄万叠寒。地險難容江立柱，神工止許鐵爲欄。人從蜃市樓中觀，我在金鼇背上看。三載胝胼今底定，伏波銅柱照嶔巑。』道出他走在橋上如在蜃市樓仙境中一般。

拱橋形式繁多，造型優美。有駝峰突起的陡拱，有宛如皎月的坦拱，有玉帶浮水的縴道多孔拱橋，也有長虹卧波，形成自然縱坡的長拱橋。拱肩有敞開的和不敞開的，拱形有半圓、圓弧、蛋形橢圓、多心圓、多邊形、抛物綫、馬蹄形和尖拱形。石拱橋綫柔、形美、體優，又與拱結構原理自然結合，使石料耐壓的長處得到充分發揮，江南石拱橋龍頭石、天盤、對聯石的設置，既堅固了橋跨結構，又增强了石拱橋形體的優美、添加了文化氣息，橋聯、橋詩呼之欲出。

2．橋與環境相得益彰

古橋十分重視與環境的協調，不少古橋達到了與周圍環境相得益彰的程度。北方粗獷的多孔聯拱石橋，如駿馬平馳在秋風之中，氣勢雄壯；江南水鄉的多孔薄拱輕盈聯環拱橋，橋孔本身與水中的倒影相合成圓，虚實相接，波光粼粼，秀麗异常。福建泉州『天下無橋長此橋』的安平石梁橋，凌跨于安海港海灣上，如壓海長堤，具有『玉帛千丈天投虹，直欄橫檻翔虛空』的觀感，與四周環境形成了『水秀山明橋跨海』的美景。建在山區與丘陵的跨谷木石伸臂梁橋，層層懸挑相叠的木梁或石梁，形如鳥飛鷹翔。西藏拉薩大昭寺正西一里的琉璃橋（橋長三十米的石墩木梁橋），藏語稱『宇妥桑巴』，意爲『綠色松耳石的橋』，相傳與唐建大昭寺同時興建，漢蕃工匠共造，橋屋頂蓋綠色琉璃瓦，綠白相間，每當夕陽斜照，與大昭寺殿金頂相輝映。北京盧溝橋、西安古灞橋、洛陽天津橋、西湖白堤斷橋、潮安廣濟（湘子）橋、蘇州行春橋、上海青浦放生橋、河北涿縣拒馬河橋、山東兗州卞橋、福建莆田寧海橋、四川汶川縣橫橋等，都與自然渾然一體，并使人聯想翩翩，勾畫出『盧溝曉月』、『灞橋折柳』、『津橋曉月』、『斷橋殘雪』、『湘橋春漲』、『石湖串月』、『井帶長虹』、『拒馬長虹』、『卞橋雙月』、『寧海初日』、『橫橋夜渡』等一幅幅美麗的景色。

江南水鄉河街水巷交織如網，大小古橋星羅棋布，構成了群橋景觀。三步兩橋，五步一登，迴轉相接，橋橋遙望，雙橋落彩虹，構成了『東西南北橋相望，水道脉分棹鱗次』的水鄉景色。

3．橋的附屬建設與裝飾

古橋相配套的附屬建築與適當的裝飾可襯托出古橋的完美，并觸發出種種意境，使人回味無窮。古橋的附屬建築與裝飾反映在橋堍，橋上的亭、廊、樓、閣、牌坊、華表、神像、碑刻等，以及橋梁本身的橋欄、望柱、石梁、石壁墩或臺、山花墻，石拱橋的券石、龍門石、龍頭石、天盤頂端，石拱橋的墩尖、臺口等部位。

不少古橋古樸無華不加裝飾，努力把功能與藝術處理相結合。如在木梁橋上建廊、屋、樓首先是保護木梁；伸臂木梁橋的層層挑梁是以橋墩爲支撑點的杠杆，橋亭（樓）起着重力平衡作用，如廣西三江永濟橋的五座橋亭，保證了負載近二十萬斤重的正梁安然不動，并給人以『飛閣流丹，下臨無地』的感覺。又如雲南、四川等省許多古拱橋，讓橋面雨水匯集至獸頭排水孔中噴流出，猶如蛟龍戲水。

橋亭（樓）有建在橋上、橋頭、橋中或橋旁的，也有建于兩座橋之間的；橋頭亭常常是上下橋必經之處，橋上亭起觀景、聚會、供佛等作用，橋旁或橋間亭常在亭中竪碑石，刻建橋記、修建橋梁的捐資人及皇帝、名人題刻等。

橋堍華表與牌樓（坊）爲中國獨有，橋堍華表在秦昭王建造的中渭橋頭就有。《洛陽伽藍記》記有北朝神龜時（五一八至五二〇年）造的宣陽門外浮橋，橋的『南北兩岸有華表，舉高二十丈，華表上作鳳凰似欲衝天勢』。現今在盧溝橋橋頭及天安門前金水橋側尚可見到。牌坊（樓）設在上橋的路上或橋旁，浙江嘉興的長虹橋、雲南祿豐星宿橋及安徽的登封橋行人必須經過牌坊纔能上橋，福建連城雲龍橋用了牌樓式橋門。在園林橋梁中北京北海公園的堆雲積翠橋兩端的堆雲與積翠牌坊是這一類型的代表。

石刻中神佛像或文武官員像較少，僅見于泉州地區的洛陽、石笋、安平等長大石橋中，如洛陽橋四尊武士石像、橋堍四角的觀音像，石笋橋的八個護神、四尊將軍像，安平橋中亭前兩尊宋代武士像，中亭中有十三座碑記，其中有一塊清代《民保奸剔》，對保護安平橋作了明文規定。這些石梁橋，厚墩巨梁，堰臥在江海浪潮之上，而石鑿武士、將軍、佛神像以及石塔點綴其間，深刻反映出近千年前人們征服海洋的決心與力量，并將建橋有功者作爲神、武將供奉。

橋墩臺裝飾最爲突出的全國重點文物四川的龍腦橋，十四個橋墩中有八個橋墩的一端分別刻有龍頭、麒麟、青獅、白象等多種吉祥物，造型別致，神態逼真。特別是龍口內有三十多公斤重的寶珠，滾動自如。隋代灞橋遺址的橋墩，兩端均雕有龍頭。而南京上坊橋，六座橋墩的迎水方用凶獰怪獸來鎮水，意涵保橋平安。福建的寧化水蒨橋及武夷山的餘慶橋的橋墩分水尖上用了鳥首。河南小商橋橋臺（與拱脚相接處）的四角刻有兩手上托、雙肩扛拱的浮雕力士，寓意深刻，尚屬罕見。構思與小商橋力士相似的還有北京盧溝橋橋堍東西兩頭，分置著伏地古獅和垂首古象，兩獸相對，砥托著全橋。

橋身的局部裝飾較集中在橋欄、望柱，石拱拱頂的券石、龍門石及天盤石、石梁側面、橋面等處，絶大部分是禽魚蟲獸及各式花草，還有暗八仙、連升三級、福與壽等浮雕。在江蘇、上海還有罕見的宋建石橋的『孩兒醉態』的人物浮雕欄板。趙州橋、盧溝橋、小商橋等都是橋身裝飾的杰出代表作。一些石拱橋拱頂券石嵌著各式獸頭，小商橋主拱北端爲龍首、南端爲龜首。河北趙縣明朝建造的濟美橋爲河神像。貴州清咸豐五年建造的赤水復興橋主拱一側是龍頭，另一側是龍尾，龍身竟藏橋拱中，都屬罕見者。北京故宫西華門裏的斷虹橋欄杆柱頭石獅雕刻得十分細膩、生動、逼真，太監們怕過橋的后妃把石獅當真，『驚了駕』，不得不把一些石獅用黃布套起來。局部裝飾最多、較齊全的要推江西省分宜縣明嘉靖年間建的萬年石拱橋，橋墩上方柱頭刻有吸水獸，欄板上雕着龍、虎、獅、象、白鶴、鳳凰及海棠、牡丹，望柱頭雕石獅、寶珠、葫蘆等，橋北有嚴崇的橋記石碑。望柱頭上雕有石象的僅見于雲南、貴州。

圖二二　金明池奪標圖

不少浮雕石刻常與民間的風情、神話、佛教相聯係，諸如雙龍戲珠，鯉魚跳龍門、五蝠捧壽、蓮房蓮座、迴輪等等。四川瀘定橋頭原有長約一米的鑄鐵圓雕犀牛和鑄鐵浮雕蜈蚣。鎮水用獨角犀牛，可遠推至先秦，『李冰昔作石犀五頭，以壓水精（即水怪）』（《華陽國志》）。千百年來，水利工程的堤上、橋梁的橋頭會設有銅犀、鑄鐵犀和石犀，如河南開封鎮水橋橋頭的鐵犀；後來演變用牛，如廣東潮州廣濟橋上的鐵牛。至于用蓮花圖案，是因爲中國以蓮比君子，而佛教又以蓮花作壇座。

（二）園林及風景區内的橋梁

園林及風景區内的橋梁應該把自然美、社會生活美和藝術美融于一身，在服從與服務于該園林或風景區立意及布局的前提下，起好引景、隔景、觀景、添景、對景、補景及組景的作用，使園林及風景區寓于自然而高于自然。

我國園林遍布全國各地，最大的派别有江南私家園林和北京的皇家園林，以後又産生了南北交融的揚州園林，還有四面環樓、中間水池、樹木很高的廣東嶺南園林。故宫西北角的建福宫（建于清乾隆年間，燒毁于一九二三年，一九九八年國務院决定復建）是皇家建築與江南私家園林結合的經典，園内所有建築物均爲不對稱構建，爲宫廷建築所僅有。每個園林，均有自己的主題，以及相適應的布局和意境。但不管是何地、何種園林，總少不了山水，也就離不開橋。橋梁往往利用光影、明暗、色彩、虚實之對比和綫條的剛柔變化，突出某一景點的主題，使人以情悟物。杜牧的《阿房宫賦》『長橋卧波，不霽何虹』，宋·李貢《清斯亭詩》的『天波萬斛瀉鎔銀，跨水横橋麗構新，但取真堪濯纓意，玉陛全闕本無塵』，描繪了園林中的橋梁處于静淨無塵、花木扶疏的環境中，使人流連忘返。

古典園林歷史悠遠，起源于秦漢以前，一九九八年在河南偃師商代宫殿遺址的發掘中發現了迄今最早的皇家池苑，其水池主要用作宫殿區内的生活用水，可能還兼有美化環境，供人游玩的作用。一九九五年在廣州發現的秦、西漢時的南越國宫署遺址中有皇家池苑，苑中小橋流水緑樹成蔭，已有『園必隔，水必曲』的思想。西漢武帝于長安西郊建的建章宫是苑囿性質的離宫，宫内已有河流、山崗和太液池，池中堆起蓬萊、方丈、瀛洲三島。北魏末年貴族們的住宅後部往往建有園林，園中有土山、釣臺、曲沼、飛梁、重閣等，如洛陽的華林園、張倫宅及梁江陵東苑。東晉名士顧闢彊在蘇州建造的『闢彊園』開創了江南園林。唐朝白居易暮年在洛陽楊氏舊宅營造宅園，十七畝面積中，房屋約占三分之一，水面占五分之一，竹林占九分之一。園中以島、樹、橋、道相間，池中有三島，中島建亭，以橋相通，環池開路，整個園的布局以水竹爲主。并使用劃分景區和借景的方法。唐代的揚州已是『園林多是宅』。北宋東京（今開封）內城的『艮岳』是一座大型皇家園林，外城西郊有金明池。《金明池奪標圖》（圖一二一）清晰表明，池岸建有臨水殿閣、船塢、碼頭等，池中央有島，上建圓形迴廊及殿閣，以曲梁橋與岸相連。南宋畫《四景山水閣》中的梁橋和南宋伯駒《江山秋色圖卷》中的閣道與廊橋是利用優美自然環境的園林橋梁。元世祖忽必烈以瓊華島離宮爲中心建苑囿，逐步形成現在的北海公園。白塔坐落在島上，它與北海另一角的五龍亭橋相呼應。進入園門，由堆雲積翠橋與島相連，因橋下水流量很小，橋爲堤梁式，橋下三個小橋孔僅起換水作用，它加强了瓊島這個島的含意。橋的南北兩端橋堍各建有牌坊，一曰堆雲，一曰積翠。

皇家園林或一些揚州園林中的橋梁，體態都偏大，常建造多跨或大跨石拱橋、大型亭橋、堤梁式橋梁。在顏色選用上富麗、顯眼，多以玉石爲欄，飾以雕鏤。一般都單獨成景。江南園林中的橋梁，體量偏小，常建造石梁橋、小型拱橋及廊橋、踏步橋，顏色上因氣候等因素取素雅、質樸。以山爲主的園林，橋梁給人凌空（如蘇州環秀山莊中的橋）、飛懸、攀登之感；以水爲主的園林，橋梁盡可能貼近水面，具有凌波之意，似隔非隔，深遠莫測，化有限空間爲無限空間。園林中的水池有聚水與分水兩種，開闊水面宜用無欄杆平橋，分水則瑩迴環境似斷非斷，宜用有欄平橋。園林及風景區中的橋一般均要透鏤、輕巧，以增加層次感，不宜阻擋視綫。

園林橋梁必須配合園林處理好大與小的關係（以小見大）、封閉與開放的關係（借景與鎖景）、曲與直的關係（以曲取勝）。處處體現出園林『妙在含蓄』、『貴在自然』的立意，促使宏大與幽邃、華麗與質樸、局促與開敞、相輔相成兼而有之，猶如《洛陽名園記》中贊美湖園那樣：『兼此六者，惟湖園而已』。

北京頤和園前山宏大，後山幽靜，真可謂涇渭分明，宏大與幽邃兼得。爲了與前山建築群和諧地呼應，在其對面的東堤上建造了大體量的十七孔石拱橋（又名東堤長橋）與橋頭的八角亭（全國最大的亭子），中間以大面積昆明湖水相隔。全橋外形微微隆拱起，宛如初月出雲、長虹飲澗，加上西山之景倒映湖中，成爲長大橋梁裝點湖山的佳作。除橋與亭以外，其他建築的體量都較小，布置靈活，使全園在統一中盡量富有變化。昆明湖西堤自南至北的長堤上，仿照杭州西湖蘇堤六橋，也建造了六座橋梁，依次爲界湖橋、豳風橋、玉帶橋、鏡橋、練橋和柳橋。除玉帶橋外，其他橋梁均建有橋亭，亭有長方、四方、八方、單檐、重檐等，華麗富貴，與園中金碧輝煌的皇家建築相協調。

玉帶橋建于清乾隆年間（一七三六至一七九五年），全橋用白色玉石琢成，主拱券采用蛋形尖拱，配上雙向反彎曲綫的橋面，如駝峰突起，特别高聳，俗稱駝背橋，是古石拱橋中曲綫最美者。玉帶橋與廣闊的昆明湖相襯，兩頭有平沙長堤相延，形如蛟龍拱月。白玉般的橋拱隱没在綠樹叢中，橋洞之下碧波蕩漾，橋影相濟，景靜影動，虚實相生，動靜兼濟，情趣無限。加之背景有黛色的玉泉山、香山和西山襯托，潔白的橋更顯得玉帶般純正，造園匠師嫻熟運用了襯托，對比、襯景、借景的手法。

河北承德避暑山莊及皇家園林，順着山勢與水面，建造了不少橋梁，尤其以『一縷堤分内外湖，上頭軒榭水中園』的水心榭亭橋爲最美。橋是極簡單的梁橋，橋上有三個亭子，中間一亭重檐疊梅，旁翼二亭則形體較小，相互襯托成景，在藝術上稱爲『情趣點』。

揚州瘦西湖上的『四橋烟雨』是古園林橋梁中的佳作。四橋即瘦西湖入境之口的虹橋（建于明崇禎年間，清乾隆初年改爲單孔石拱橋，後又在橋上建亭閣）、湖内的五亭橋以及與虹橋相望的長春橋（單孔石拱橋），坐落湖東與五亭橋呼應的春波橋（已廢），它們把湖水分割的景物相互銜接起來，又以各橋不同的坐落和構架將全湖景色劃分爲各有千秋的若干區間，使每一風景區都呈現出各自的特色和韵味。經過精心布置的橋梁，除了自身的通行、觀賞價值外，對整個湖區景致起到了分中有合、合中有分的作用，使湖上風光能收能放。收可凝聚至一山一水、一草一木；放則使整個湖區乃至全城景色渾然化爲一幅優美的巨畫，令人贊嘆。乾隆每次來揚州，都要登臨四橋及烟雨樓憑窗眺望。月明之夜，四橋之間『若明若暗湖邊柳，小窗處處燈摇紅。』陰雨之日，四橋籠罩霏霏細雨中，裊裊輕烟，湖上景物朦朦朧朧，若隱若現，『四橋烟雨』美景顯現得淋漓盡致。對此，文人騷客曾作出『天下三分明月夜，二分無攬在揚州』的絶唱。

瘦西湖五亭橋爲揚州諸橋之首，它在湖内蓮花埂上蓮性寺（舊名法海寺）後，又稱蓮花橋，始建于清乾隆二十二年（一七五七年）。這年，乾隆皇帝第二次下江南，兩淮巡鹽御史高恒爲此請工匠設計建造了這座『上置五亭，下列四翼，洞正側凡十有五』的特殊風格橋梁，它是前往觀音山、平山堂的必經之地。每個橋亭皆四角飛翹，挺拔俏麗，條條雕甍，各飾龍首，飛騰欲向湖中戲水。亭柱閣欞，概以紅漆。據傳説，每當晴夜月滿時，券洞中各銜一月。登橋環顧，平林葱葱，春水迢迢，瘦西湖勝景盡收眼底：向西看，白塔立于晴雲之上；向北望，觀音山、平山堂隱現于青松翠竹之中；向南俯視，是湖心梟莊水榭歌臺；朝東仰望，與小金山風亭遥遥相對。從湖中釣魚臺觀賞，兩個窗洞中分別框住五亭橋和蓮性寺白塔，是一幅美妙的風景畫。五個橋亭猶如衆星拱月，又似盛開的蓮花，『情趣點』油然而生。

南京瞻園中的石踏步橋和單跨小石橋，應用的都是不規則的石塊與不規則的排列，把橋融合于由假山堆砌而成的風景之中。踏步橋以石磴代橋，具有節奏和動感；有些園把石磴製成樹樁、荷葉等形狀，又增添了水面的自然韵味。揚州何園的石梁橋的橋柱與欄杆均用太湖石并用砌假山的方法砌成，使橋融于景；个園以假山堆叠的精巧而出名，假山洞中積水爲池，用建無欄曲橋導進洞内。

曲橋是古園林中特有的橋梁形式，景莫妙于曲。曲橋與曲徑、曲廊一樣，是引景、觀景、賞景的通道。人在園中徒步觀景，左顧右盼，形成一條來回擺動的曲綫，曲橋既延長了游程，更是滿足了人們步移景换的要求。陳從周在其名著《説園》中曾概括：『園林景觀中，静寓動中，動由静出，以静觀動，以動觀静，則景出』。《晏東園林志》記有：『吴氏園……，山陰有堂，堂右層樓，左浸平池，曲橋變。』隨橋曲折，可欣賞到兩邊各不相同的風景。計成在《園冶》中講曲橋的妙處，在于使江南園林的小空間變成大空間，是分割風景區和水面的極好手法。同時，曲橋也應曲折有度，盡可能貼近水面。

有的園林門前有水，建橋引入。如蘇州滄浪亭，『橋盡抵園』過橋入景。

蘇州名園拙政園以水爲主，水面占總面積的五分之三。總體布局以中園的水池爲中心，再現江南蘆汀山島景色。五座單跨、多跨的石梁橋連接着相對獨立的三個小島（包括見山樓），把中園幾個景區在平、立、剖面上構成漂浮水中的多個空間。讓游人信步在曲橋上，或動或立，或坐在橋欄上左右瞭望，仰俯觀景，都有不同畫面，景异物遷，意境萬千。石板平橋貼近水面，以平直簡潔的綫條襯托水面之開闊，橋欄鏤空平叠，古樸簡練。隔水觀橋，橋浮池上，水面似隔非隔，使水面空間既富變化，又有聯係，曲折而且源頭深邃，頓感水面擴大，加之水動而橋静，虚虚實實，回味無窮。中園的東側及西部水池有出水口，或在墻上開洞，或建水榭，與東西園相通，水面如曲折水灣，源遠流長。中園『小滄浪』水院區前有一座叫『小飛虹』的廊橋，造型輕巧玲瓏，結構開敞通透，有『浮廊』之稱。它既是通道，又是一個極好景點，與『小滄浪』相得益彰；并使水面上的空間半透半隔，增加水景的層次和水面的寬闊感。它把彎溪附近的諸多景點組合成一體，還與北面的荷風四面亭形成『對景』。它還可使在『小滄浪』憑檻北望的游人領略空間層次深邃、産生身入水閣仙境的美感。『小飛虹』廊橋兼有多種功能，妙在要身臨其境去體驗回味，是園林橋梁的佳作，數百年來没有非議。其東園要體現出『歸田園居』，平橋更是低位貼水，隱約在草地、澤窪之中。西園的波形長廊，俗稱水廊，屬特種廊橋，顯示以水爲主的園林特色。

紹興東湖，用秦橋、霞川橋、萬柳橋等十餘座石梁或石拱橋，以及江南特有的縴道橋將東湖裝綴成宛如江南原野間的大盆景，爲國内獨有。

『巧于因借』是造園的一法。無錫寄暢園，西靠惠山，東南有錫山，均借景園内，園内橋梁不僅曲折，還顯高低層次，以便行人多種角度觀賞園内外景物。蘇州園林多位于市井之中，園外可借之景不多，就用園内『對景』替代『借景』，園中橋梁也爲此服務。

蘇州名園留園『涵碧山房』前面的全園主景區，有大體量的假山，在空間構圖上，要達到峰迴路轉，層層叠叠，曲徑通幽，變化無窮的要求。爲此，其間設有五個層次的石板平橋或斜置橋，橋均無欄，水從橋下曲折流向水池，宛如山溪。池中建一平坡廊橋。廊上紫藤糾纏，游人信步橋上仰視假山如真山一般；俯視水面，假山倒影其間，山體倍增，并隨波微動。

蘇州獅子林的小赤壁爲叠石拱橋，把造橋和叠山結合。

網師園是依水園，以静觀爲主，池邊采用了體量極小名爲『引静』的石拱橋，在立面上增加了層次，變化了單調的白色）角，烘托出小園聚水的情境，强化了網師園迂迴曲折、小巧玲瓏的特色。

吴江退思園建橋起觀景和配景作用。『辛臺』建在天橋之端，居高成廊；南望是粉墻黛瓦，藍天白雲，北俯是全園景色，引發詩興，故名『詩』景，是江南園林中唯一的天橋。三曲石平橋旁是『琴房』，橋上紫藤盤棚，爲『琴』配景；春盛之時，紫花四季，琴聲鳴傳，橋處賞音，清新怡悦。它們是『琴』、『棋』、『詩』、『畫』八景中的一景。

杭州西湖三潭印月的曲橋及其拐角處的三角亭橋，是寬敞水面上的園林橋；亭橋僅有三根支柱托頂顯得輕巧，十分通透，它與東南面四方形攢尖頂亭對景。游人隨著橋的曲折履步緩行，使曲折、起伏、滯（休息）、流（行進）、向或背風景等均在韵律中有節奏地緩慢變化。

園林中曾建過棧橋和浮橋。《園冶》記有：『絶澗安其梁，飛岩假其棧』，在園林中有較險峻的山岩時，可架設棧橋。漢代建章宫太液池蓬萊山和宋代汴京萬歲山艮岳都曾有棧橋。庾肩吾《梧下應令詩》稱北園：『懸門開溜水，錦石鎮浮橋』。南朝梁代元圃和明代西苑（今北海公園）中曾架設過浮橋。

福建廈門鼓浪嶼南岸的菽莊公園，傍山依海，在海邊有號稱四十四橋的石平橋，橋身曲折迂迴，每到一轉折處，輒有一亭。在『渡月亭』亭欄上有一副『長橋支持三千丈，明月浮空十二欄』的對聯。在橋上觀山望海，心緒如潮。

（三）自然奇景中的古橋

中國幅員廣袤，河川山岳千姿百態，自然環境豐富多彩，風光旖旎。其間鑲嵌著不少天然的和人工的古橋，它們不僅方便了行游者，還爲自然奇景添輝加趣，起着畫龍點睛作用。

1．天生石橋

地球在形成與發育過程中，造就了不少天生橋，又稱自然橋。特別是喀斯特地貌發達的貴州、廣西一帶，現有世界上最長最大的天生橋。

一九八七年貴州黎平縣建設局發現并勘探了縣内高屯鎮東南約二公里的天生橋（名高屯橋），橋身長達三五〇米，橋拱跨度最大處一一八．九二米，最小處八八．五米；橋身最窄處八八．五米，最寬處達九十八米，橋拱厚四十米（包括橋上植被）；橋體深入水面三八．八米，高出水面三三．六四米。橋頂有石柱、黑洞、石笋等。該橋遠遠超過記入《吉尼斯世界記錄大全》的、一九〇九年八月被定爲『風景拱門』的美國猶他州的蘭茨開普拱橋（全長八八．七米，高出谷底三〇五米，橋頂最窄處一．八米，拱厚三．三米）。

一九九五年十月中國科學院地質研究所喀斯特專家協同奧利地地貌專家在貴州六盤水市金盆鄉發現了世界上最高的公路喀斯特天生橋。橋面到谷底高差一三五米，橋長四十米，橋面寬二十米，頂拱厚約二十米，橋底乾河溝谷寬度約八十米。

一九九八年在貴州大方縣城南約十公里發現的清虛洞天生橋比高屯天生橋更宏大，經專家實地測量，橋高一七八．二五米，跨高一〇五．五八米，橋拱跨度最大處一二七．三五米，最小處七七．六九米，橋身長四〇〇米，橋身寬二〇〇米。該橋形成至現在的規模已有三十五万年的歷史。

除此以外，貴州南開天生橋、湖南張家界天生橋、重慶市涪陵天生橋、遼寧錦州筆架山天橋、浙江天台山的『石梁飛瀑』以及廣西桂林、江西龍虎山景區的象鼻石拱、泰山極頂上的仙人橋等都是有名的天生橋。

2·奇景内古橋

作爲全國重點文物的瀘定橋、程陽永濟橋、觀音橋均建在自然奇景中，此外，還有更多的古橋建在多姿多態的山河間，它們與大自然聯芳濟美，爲山水增光添色。

有的古橋建在群山之中，懸岩之下。如貴州梵淨山金頂的金刀峽上的小石拱橋及安徽九華山天臺峰渡仙橋，都建在山巔，前者坐落在海拔二三〇〇多米以上，成爲最高的橋，既爲通行，又能觀景。又如河北蒼岩山橋樓殿、浙江雁蕩山果合橋及四川峨眉山的『雙橋清音』均建在群山之中，不僅供通行與觀景，而且組成新的景點；果合單孔石拱橋就與景區中的鳴玉溪、超靈峰組成『靈峰三景』。『雙橋清音』位于峨眉山牛心嶺下的清音閣，是清朝建造的兩座石拱橋，素爲峨眉山十景之一，有詩：『杰然高閣出清音，仿佛仙人下撫琴，試向雙橋一傾耳，無情兩水漱牛心。』而橋樓殿是隋朝建造的福慶寺主體建築，是我國現存最早的橋上樓殿，殿面寬五間，進深三間，周圍迴廊，爲重檐樓閣式建築，構造精巧，金碧輝煌。橋爲敞肩圓弧拱，距山澗底約七十米；從山下仰望宛如飛虹凌空。若沿石蹬而上至殿邊，又生『雙崖斷處造樓工，仿佛凌霄駕彩虹；仰視弧高盈萬丈，登臨疑是到天宮』的感覺。

有的古橋建在山溪、河谷急流之上。如雲南大理市雲龍山中的通京伸臂木梁廊橋與水城藤橋，四川岷江上游羌族地區的鐵吊橋與峨眉山的鐵吊橋，既爲山區居民生産與生活服務，又增添了山景的秀麗險峻。

有的古橋建在懸岩之旁、山溪之中，人們走在上面，猶如涉水而過。如福建武夷山的慧苑磴步橋就建在丹霞峰下古崖居下側。磴步橋建在有名的鷹嘴岩下方，漫步橋上，有如融入秀色美景之中。

有的古橋建在湖面、大河之上。如臺灣高雄鳳山澄清湖中的深水吊橋，連接湖中小島，藍天倚黛，秀色迷人。又如江南現存最大的廊橋江西婺源彩虹橋，橋兩邊群山如黛，清澈的山水穿橋而過，登橋猶如入人間仙境。

（四）古橋文化

數以千萬計的豐姿秀美或具有重大歷史意義的古橋，自古以來吸引着詩人、詞客、畫師、旅游者前來，以各種藝術形式寫橋、唱橋、畫橋，或描繪橋的本身與橋周圍環境，或有感而發，或藉橋發揮，或贊揚建橋者的精神，或抒發自己的悲憤、激情……。橋梁主體的雕刻、附屬建築物，特別是江南水鄉石拱及石梁上的橋聯以及橋欄上的刻字等，處處反映出古橋文化。據中國古橋史泰斗茅以升的研究：『自從建安詩人寫橋入詩，首倡了橋梁文學』。『一千八百年來，以描述橋梁爲主題的詩篇，和以同一主題爲內容的銘、贊、頌記，數量之多，幾乎是一個難于統計的巨大數字，它們不祇是文人學士一般抒情之作，其中也包含著無比豐富的橋史資料，和對橋梁功用上和藝術上的各種描述與評价。』現擇其主要，加以闡述。

1．橋聯

橋聯位于石拱橋墩臺對聯石上以及石梁橋的石壁臺、墩柱、石樁柱和橋亭及廊橋的木柱等處。楹聯是我國特有的文學形式。以橋聯形式出現的對聯，約始于明代中後期，到了清代就十分普遍，江南石橋幾乎每橋必有聯，其內容涉及地理、民俗、風光、頌德、祝福、勸善等，內容豐富，涵意深刻，引起書法家，民俗學者等的關注。其內容可歸納如下：

反映橋所處位置的。如蘇州虎丘東嶺普濟橋，是建于清康熙四十九年（一七一〇年）的三孔石拱橋，其橋聯『東望鴻城水繞山塘連七里，西落虎阜雲岩塔影立春秋』。有的是界橋，如吳江同里渡船橋，相傳此橋是春秋戰國時吳越兩國的分界，橋聯中有『一綫晴光通越水，半帆寒影帶吳雲』。

反映當地生產、水利、交通的。如吳江盛澤鎮的白龍橋，從橋東拱聯『風送萬機聲，莫道衆擎猶易舉；晴翻千尺浪，好從飲水更思源』道出『絲綢之都』盛澤的興盛。又如蘇州黎里鎮的迎祥橋，是清建三孔石梁橋，其石壁墩上的橋聯『南北常通行旅人，東西遞接川流水』。

反映褒獎讀書、頌揚賢士的。如吳江同里鎮的東溪橋，其西側橋聯：『一泓月色含規影，兩岸書聲接榜歌』。吳江廟港鎮甫里橋的橋聯：『萬頃縣區留禹迹，陸家甫里憶唐賢』。

描繪當地風光的。如橫跨紹興安昌鎮東市街河上的巔安橋石壁墩上橋聯：『圓月彩虹狀石橋勝景，長街小河呈水鄉秀姿。碧水貫街澤兩岸居民，清風沐人宜四方游客』。北宋大詩人蘇舜欽撰寫的吳江垂虹橋上頌日出聯語：『雲頭艷艷開金餅，水面沈沈臥彩虹』。

勸善咒惡的。如蘇州楓橋右側橋聯：『凶人語惡視惡行惡三年天必降之禍，吉人語善視善行善三年天必降之福。』

反映橋的作用的。如被稱爲『浙東第一橋』的浙江餘姚通濟三孔石拱橋，跨越姚江，地處南北交通要道，橋建于元至順三年（一三三二年），橋聯中有一句『萬年獨砥大江流』。

反映祝愿祝福的。如嘉興王江涇鎮長虹三孔石拱橋，跨越京杭大運河，有浙江第一橋之稱，六對橋聯中有一聯：『慈舟普渡江平海晏河清，福澤長流物阜民安國泰』。又如宜興舊城廂單孔石拱長橋，始建于三國時期吳國赤烏二年（二三九年），爲晉周處『斬蛟之橋』，其橋聯：『平步青雲對南郭銅峰千秋鞏固，重看明月向東流氿水萬派宗朝。』

圖二三　清代有關趙州橋的神話圖

2·古橋與神話、傳說

橋常被人們比作『天上彩虹』，是『鵲橋相會』之處，通往天堂的『天橋』等，常與古代神話與傳說相關聯。

趙州橋爲李春等匠師所建，可是一直流傳著春秋名匠魯班造趙州橋的神話故事（圖二三）。最早詳細記載這一傳說的是元代初年編集而成的《湖海新聞夷堅續志》後集《魯般造石橋》：『趙州城南有石橋一座，乃魯般（即魯班）所造，極堅固，意謂古今無第二手矣。忽其州有神姓張（即張果老），騎驢而過橋。張神笑曰：「此橋石堅而柱壯，如我過，能無震動乎！」于是登橋，而橋搖動若傾狀。魯般在下，以兩手托定而堅狀如故，至今橋上則有張神乘驢之頭尾及四足痕，橋下則有魯般兩手痕。』

十年前，發現了一幅清同治年間所繪的《趙州石橋神話傳說圖》（尚附有水勢圖），十分精細。圖寬四尺，高二尺，上有『趙州直隸州』漢滿文字州官正印，圖上關帝閣上題『古迹仙踪』，橋上橋下畫有五位神話人物。

現在看來，『仙迹』還頗符合力學的原理。對于用并列砌券法砌築的石拱橋，重車靠橋邊行駛對橋的安全極爲不利，而橋面上留下的驢踪印、車道溝、膝印等『仙迹』都在靠東側三分之一的橋面寬度內。明朝崔汝孝在《重修大石仙橋記》中稱：仙迹是行車外緣的界限，車輛應在橋的中央通行。東側橋下手印部位，是橋拱受力大的地方，用手托住對橋的安全有利。

《白蛇傳》中白蛇與許仙在杭州西湖『斷橋相會』婦幼皆知，這是歌頌純潔愛情的佳作。其實早在《戰國策》、《史記》中均記載了蘇秦對燕王（公元前三二〇年）講的一件事：有一個叫尾生（有記微生或尾生高，魯國人）的人，與一位女子相約在橋下見面，女子没有來，尾生爲了表示不失信約，就抱著梁柱而死。

北京盧溝橋的『斬龍劍』的傳説及橋上『石獅子數不清』的歇後語，均起始于明朝，流傳至今。傳説某天橋的上游天昏地暗，烏雲滾滾，霎時雷電交加，衹見十條凶猛的惡龍，簇擁洪水向盧溝橋涌來。正當人們擔心橋毁地淹時，殊不知惡龍到了橋下頃刻消失，洪水也馴服地通過橋孔。其緣故是橋跨越的永定河數百年來屢屢决口，特别是每年春夏之交，上游冰雪融化，水位猛漲，河面上又有大量冰塊、樹木浮動，隨渾濁河水奔騰泄下，比十條惡龍更可怕。但由于橋的十座橋墩建造科學堅固，『斬龍劍』（就是每個橋墩分水尖上一根約二十六厘米長的三角形鐵柱）以其鋭角迎水，『斬冰分水』，使得造成了八百餘年的石橋始終安然無恙，傳説由此而來。盧溝橋的石獅數不清見于明朝《長安客話》、《帝京景物略》等書籍的『數之輒不盡』。原因是橋上石獅子種類多，大小不一，位置變化無常，特别是小獅子，竟藏于大獅子腿腋間或腹側，極難發現。一九六二年采用登記編號，來回復查的辦法，終于數清大小石獅有四八五個。

杭州清和坊有一南宋掌故：『新宫姑娘建造新宫橋』，講的是新宫橋原名清和橋，某年秋天毁于水害。被石匠女儿年方十六歲的新宫姑娘及衆鄉親修造好，姑娘還以『橋』爲題出聯句：『有木也是橋，無木也是喬；去了橋邊木，加女例成嬌。嬌嬌爲黎民，繼續把橋造』。鄉親們爲贊美姑娘的建橋功績和才華，把橋改名爲新宫橋。

3．古橋與歷史事件

古橋處于關隘要津，古籍總稱『關梁』，常常是歷史事件的發生地。中國古橋未見西方的橋頭堡，但是在清朝以前的城市橋梁大都架設吊橋或砌築城樓，以備戰事之用。

早在春秋，秦將孟明伐晋『濟河焚舟』，就是焚燒了浮橋孟明橋，遂霸西戎。歷代在黄河、長江等江河上造的浮橋不少是『軍用浮橋』，都發生過有名的歷史事件。劉邦與項羽漢楚相爭時曾發生『修或燒棧道』的事件，今天，『明修棧道，暗渡陳倉』早已成了製造假象迷惑對方，另闢蹊徑的成語。同一時期，張良向劉邦獻計：『王何不燒絶所過棧道，示天下無心，以固項王意』（《史記·留侯世家》），以欺騙項羽，保養自己。三國時，蜀將姜維在今甘肅陰平道上的陰平橋，聚集兵師抵抗魏國。古城西安東北面的灞橋，《史記》上記：王翦伐荆，秦始皇自送至灞（橋）上。唐朝的黄巢起義軍和明朝的李自成農民軍都由河南西征，克潼關，過灞橋，占領長安。清慈禧太后在八國聯軍侵華時曾逃往西安避難，待簽好喪權辱國條約『兩宮回鑾』時，令文武百官送到灞橋。西安事變時，蔣介石派兵駐守灞橋，以阻止抗日民衆前往他的住所臨潼。河南小商橋曾是抗金名將楊再興同金兵大戰之地，他壯烈地戰死在橋頭。

北京的盧溝橋和四川的瀘定橋不僅是全國首批重點文物保護單位，還是重要的革命紀念地。盧溝橋數百年中曾屢次成爲戰場。諸如金廢帝大安三年（一二一一年），金朝與蒙古成吉思汗在盧溝橋發生了爭奪戰，持續了近四年。明《讀史方輿紀要》記有：『金兵南遷，留太子守中都，遼軍殺其主帥以叛，福興聞變，遣軍阻于盧溝橋，使勿得渡。』元天曆初（一三二八年）『上都兵入紫荆關，游兵遍都城南，大都兵戰于盧溝橋，敗之』。元至正二十八年（一三六八年）朱元璋的大軍打到盧溝橋，與元順帝血戰一場，順帝大敗并退出大都（今北京），同年朱元璋建立了明朝。後來，『李景隆謀攻北平，燕將清守盧溝橋以禦之』。明朝末年盧溝橋又一次淪爲戰場。近代最爲重要的戰事是一九三七年發生的『七七盧溝橋事變』。我國橋頭駐軍憤然反擊日軍的侵略，進行了白刃戰，盧溝橋在短時間内三得三失，揭開了我國八年抗日戰爭的序幕。一九三五年五月二十九日在中國工農紅軍長征途中發生了震驚世界的十八位勇士在瀘定橋上僅存的十三根光溜溜的鐵索上攀援强渡大渡河的英雄業績。

明朝嘉靖年間，海盗倭寇屢屢侵犯我江浙閩三省沿海，以民族英雄戚繼光爲代表的民衆在不少古橋畔奮起抗倭。如蘇州的楓橋、上津橋、下津橋，浙江紹興的黄山橋，上海青浦的戚家橋，福建泉州洛陽橋等都曾是抗倭要塞。鄭成功的部隊守住洛陽橋中亭，使倭寇不敢過橋入城，《泉州府志》對此作了這樣的記載：明『嘉靖末，倭寇闌入，陷莆掠泉，連破永寧、崇武。故萬僉慮，就小嶼築城爲兵備行營。且門其北爲萬勝，南爲萬全，以爲閩南第一關。計垛兒僅四十七，而巨石崇墉，臨若天塹。今以城拒橋，以閣憑橋。』

以洪秀全爲首的太平天國農民軍在建都南京前後，曾在古橋及其附近與英國侵略者、清朝軍隊進行過戰鬥。江蘇省文物昆山集善橋石梁上還有『太平天國』的刻字，爲國内僅有。除此以外，浙江有嘉善的三官塘橋、卧龍橋，上海有嘉定的高義橋、青浦的塘灣橋，江蘇有吴縣寶帶橋、昆山福洪橋、吴江烏金橋以及南京的七橋瓮（上坊橋）。其中上坊橋是進南京城的咽喉之一，太平天國曾幾次與清兵激戰。辛亥革命時，江浙聯軍也曾在這裏大敗清軍。

四川成都市舊城南錦江上的萬里橋，爲秦李冰造的七星橋之一，是當時乘舟東航起程處，三國時諸葛亮送費禕使吳，親自送至此橋，說道：『萬里之行，始于此橋。』杜甫《狂夫》詩中有『萬里橋西一草堂』。漢、唐舊橋已不存，明建七孔石拱橋，長八十一米，寬十八米。二十世紀中葉以後橋上一直通行汽車，一九九五年拆橋時，發現古籍上記載的橋建築在數百根十米長的枕木上。

4．古橋與戲劇

京劇中有《長坂坡》，即《三國演義》中的被張飛叫聲振斷的『長坂橋』。三國故事中還有講張任被捉的《金雁橋》。京劇《洛陽橋》是專門歌頌洛陽橋的，描述建橋如何艱辛。在京劇包公戲中，包公曾提及在趙州橋下遇到瞎子皇太后。此外還有《草橋驚夢》、《虹橋贈珠》、《藍橋遇仙》（講唐·裴航娶玉英于藍橋驛）等愛情戲。

著名歌舞劇《小放牛》唱詞中有『趙州橋魯班爺修，玉石欄杆聖人留；張果老騎驢橋上走，柴王爺推車軋出一條溝』，道出舞劇是以廣爲流傳的魯班造趙州橋的神話故事而編。話劇《保衛盧溝橋》、四幕劇《盧溝橋》是在『七七盧溝橋事變』後，迅速推出的抗日劇目。

還有洛陽橋建成後『三百六十行』過橋狂歡場面的彩燈戲，以及表述『蔡（襄）狀元修造洛陽橋，下得海赴龍宮投書』故事的閩劇。

都江堰珠浦橋，又名夫妻橋，爲頌揚何先德夫婦精神，編成了川劇。

紹興沈園前的春波橋，引發宋代詩人陸游賦《釵頭鳳》後四十年寫下一首七絕，『……傷心橋下春波綠，曾是驚鴻照影來』。後來《釵頭鳳》也搬上了越劇等舞臺。

5．橋詩與橋畫

由于古橋所處環境獨特，本身又千姿百態，千百年來幾乎達到了『橋橋有詩，橋橋可畫』的境地。例如不管是畫、攝影、木刻、江南水鄉者，其中不涉及古橋者是極少的。

圖一四　蜀山棧道圖

據茅以升先生認爲，寫橋入詩始于東漢建安（一九六至二二〇年）。唐代寫橋入詩者十分普遍，張繼的『楓橋夜泊』名揚四海，白居易的『紅欄三百九十橋』開創了記載蘇州橋群的先河，更多的詩是藉橋咏懷，寄情山水，并非專指專屬。歷代寫橋入詩詞較多的橋梁有趙州橋、灞橋、盧溝橋、楓橋、吳江的垂虹橋、洛陽橋、都江堰珠浦橋等。其中元、明、清三代寫盧溝橋詩的就超過十首，漢、唐、宋等朝代寫灞橋頭『折柳贈別』的詩詞就更多了。

橋畫最有名的是北宋畫家張擇端創作的《清明上河圖》中最精彩部分的『虹橋』。早在隋唐時以董源、巨然爲代表的南方山水畫派的畫中已有橋，有宋人的《溪橋歸牧圖軸》。其他還有以盧溝橋爲題的元代《盧溝運筏》，十一孔連拱橋身畫得真切；宋代的《石湖橋》是江南七孔石拱橋；等等。

橋名也是一種古橋文化。茅以升先生曾在一九六二年著有《橋名談往》一文，把兩個字的橋名根據反映內容歸納爲『表揚』、『紀事』、『抒情』、『寫景』與『神异』五類，外加『新橋』、『小橋』、『長橋』等俗稱一類。除此還有反映地名、址名、人名的橋名，反映橋梁功能及形狀的橋名，例如『普渡橋』、『廣濟橋』、『寶帶橋』等等。更爲重要的，有些橋名反映了造橋者不怕艱難犧牲，百折不撓的精神，僅舉兩例：

一是建于明萬曆年間貴州平越的葛鏡橋（三孔石拱橋），橋跨麻哈江，地勢險惡，『兩岸壁立，水黝黑如漆，寡見曦景。』江水深不可測，且有漩渦，渡舟到此常常覆没。里人葛鏡在此造橋，『既建，旋圮，再建，復傾。』第三次建橋時，葛鏡領妻子在江邊刑牲灑酒，發誓曰：『吾當傾家蕩産，以成此橋，如橋再不成，將以身殉之耳。』所有工匠都爲之『感動流涕』，『如是者垂三十年而橋成』，并以葛鏡冠以橋名。

二是清嘉慶年間，私塾教師先德夫婦修復珠浦竹索橋的民間故事。何先德爲改變憑舟渡內江，下決心修復珠浦橋後，詳細觀察橋頭兩邊地勢，測量江岸間的距離，製成模型，確定了建橋方案，一面上報官府，一面籌捐建橋款項，親自參與修橋。官紳們以監造爲名，暗中營私中飽，以朽木充當好料，以致在索橋即將完工時斷毀于風雨之夜。官紳們怕何先德揭發他們，以莫須有的罪名將他殺害滅口。何死後無子，其妻何娘子繼夫遺志，出面負責施工。何娘子日夜苦思，按照丈夫的橋式，加設欄杆，并做了模型進行試驗，終于將橋建成。從此『長享安瀾，無虞覆溺，利于薄哉』。爲紀念何先德夫婦，改橋名爲夫妻橋。

古代水利建築

水利建築工程是爲了開發水利資源，達到除害興利目的而興建的建築工程。一般是指防洪、農田水利、航運（航道整治、河流渠化、河港）、水利發電等，也包括城市給水、排水及海岸等工程。在古代橋梁建築部分已經涉及閘橋、渡槽、水城門、縴道橋等有關古代水利建築内容，本章僅闡述古代部分，并側重于水利建築藝術方面。

一 概述

約在四千年前的夏禹治水在中國已是家喻户曉。爲紀念此事，在紹興禹陵、湖南岳麓山、河南歸德山等地移拓禹王碑七處。二〇〇〇年四月在南京栖霞山又發現三塊禹王碑，原碑文爲蝌蚪文，至明萬曆有考證譯文。《尚書·禹貢》中『岷山導江，東別爲沱』首次記載了遠在夏代，四川已用了以導爲主的治水辦法。數千年來我國興建過難以計數的水利建築工程，一九九六年底在江蘇吳縣發現了草鞋山遺址（位于蘇州市城東十五公里唯亭鎮的陽澄湖畔）。經五年發掘考證，證實其係六千年前人工水田狀的原始水利灌溉系統的遺迹。它是由淺坑、水溝、水口和蓄水井組成的農田和灌溉系統，三十三塊古田塊，共四五〇平方米。淺坑沿低窪地帶分布，面積三至五平方米，大的有一二·五平方米，呈橢圓形或長方圓角形。大約八九塊田塊爲一組，每組田配有約二米深的水井，水井有溝與農田連接，各田塊間又有水口連通，還在一口井中發現汲水踏階，爲世界最早的古水稻田。在遼寧阜新蒙古族自治縣勿歡地鎮的古人類遺址中，也發現了距今三六〇〇年前的農田排灌系統，從已挖掘出二五〇延長米遺址中，已見溝渠縱横，并有閘門遺迹。

戰國時期（約在公元前二五六至二五一年）由蜀守李冰父子主持興建的四川灌縣的『都江堰』是世界最早的大型綜合性水利工程。據《史記》載：『鑿離堆，避沫水之害』、『穿二江于成都之中』的主要目的是『行舟』，『有餘則用溉浸』。經過二千餘年的使用、維護與擴建，使它逐步成爲綜合性水利工程。

繼都江堰工程後，陝西的鄭國渠又是一項偉大的水利工程。它始鑿于始皇帝嬴政元年

（公元前二四六年），由水工鄭國主持修建。『并北山東注洛三百餘里，欲以溉田』，渠道利用地形特點沿北山南嶺自西向東伸展，主幹綫最大限度控制了灌溉面積。據一九七六年由瓠口至洛河實測其長度爲一二六・○三公里，灌溉面積達一一○餘萬畝。在規劃設計上，它把沿渠綫所有交叉的河道，都采取了『横絶』的措施，攔河水入渠，使下游河道可淤灌爲耕地。有關部門繪製了鄭國渠和漢武帝時白公渠遺迹示意圖，陝西省博物館內存有西漢時的『關中水利分布圖』及當時的大型陶製排水管。

渠名	與建時間			主持人		灌溉面積		備注
	公元	朝代	年號	姓名	官職	古頃	折今畝	
鄭國渠	前二四六年	戰國	始皇帝嬴政元年	鄭國	水工	四萬餘	一百一十萬餘	秦一畝折今○・二八八一五畝
白公渠	前九五年	漢	武帝太始二年	儿寬	趙中大夫	四五○○	二十三萬餘	漢一畝折今○・五一二畝
白公別渠	九九五年	宋	太宗至道元年	皇甫選	大理丞	八八五○		
白公別渠	一○○六年	宋	真宗景德三年	尚賓	太常博士			
小鄭渠	一○七二年	宋	神宗熙寧五年	侯可	涇陽縣令	二○○○		
豐利渠	一一○七年	宋	徽宗大觀元年	穆京	員外郎	三五九三		渠口現尚存
王御史渠	一三一○年	元	武宗至大三年	王承德	行台御史			渠口現尚存
廣惠渠	一四六五年	明	憲宗成化元年	項忠	巡撫	八○二二		渠口現尚存
通濟渠	一五一六年	明	武宗正德十一年	蕭	巡撫			渠口現尚存
龍洞渠	一七三七年	清	高宗乾隆二年			二○○餘	五萬餘	棄涇引泉
樊坑渠	一八○六年	清	仁宗嘉慶十一年	王恭修				局部工程
鄂山新渠	一八二二年	清	宣宗道光二年	鄂山	知府			局部改建
袁保恒新渠	一八六九年	清	穆宗同治八年	袁保恒	大司農			
涇惠渠	一九三○年	民國	中華民國十九年	李儀址	省水利局長		五十萬	

漢武帝繼鄭國渠後修建白渠。在上游地區，白渠循鄭渠綫路而行，直至石橋鎮向東繞離開鄭渠綫，隨着低堰邊向東南又折向東，直到海參堤洞，并在洞附近設閘（稱三限閘），分成三條渠道。二千年來，歷代對引涇灌溉工程進行改建，直到一九三二年建成我國一個大型灌溉工程——涇惠渠引水樞紐。

引涇灌溉工程歷代改建

《史記》中記載的北方灌溉渠道還有公元前四〇五年：『西門豹引漳水溉鄴以富魏……』；魏襄王時，史起又繼續引漳水灌田，收效很大。此外還有甘肅河西走廊内的『安西漢唐古渠』，寧夏西漢以來的引黄(河)灌區渠道；漢武帝令齊人水工徐伯勘測關中漕渠，用數萬人歷時三年修鑿完成，極利于漕運和水利灌溉，至隋文帝時，被譽爲『富民渠』等。在北京、天津、河北等地還有引永定河、海河、溝河水灌溉稻田。

在新疆一些地方長期擇用坎爾井，它始建于漢代，是中國古代三大工程之一。吐魯番是它的故鄉，曾有一二七三條，總長四四〇〇公里，被譽爲『地下大運河』。坎爾井由豎井、暗渠、明渠和澇壩（蓄水池）四部分組成，長度從幾公里到幾十公里不等，具有減少蒸發、避免污染、水質清涼、自流灌溉等優點。但今日吐魯番坎爾井大多數已乾涸。

在太湖等水網地區，爲征服水旱灾害，自漢唐以來就開始建閘擋潮，疏河導水，築堤車水，排泄入海，至宋朝已有完整的水網圩區的治理方法。即用緩河、修圩、置閘三者結合的工程措施，把除水害與興水利結合一起，從太湖的地形、地貌的實情出發，分别對太湖的『洪澇旱兼有區』、『以旱爲主區』、『易澇區』、『水旱較少區』、『易洪易旱區』等不同區域，采取不同的治理方法。

我國歷來古代城市建設中重視城市給水及排水建築，歷時二五〇〇年以上的古蘇州所形成的『三横四直』水利系統就是典範。距今二〇〇〇餘年的山東淄博市的齊國故城（面積一五·五平方公里），大小城内各有一個排水系統，排水道全長四十三米，寬七米，全用巨石砌築，分上下三層，每層五個方形排水口，它們穿過城墻下的石築涵洞，把城内積水排入河流或護城河中。被列爲全國歷史文化名城的九十九個城市都有這類水利建築。如一九九七年十二月被聯合國教科文組織列入《世界遺産名録》的雲南麗江古城，建于唐宋，一直利用象山脚下黑龍潭的『古龍激』（玉泉水），在雙石橋處分西、中、東三條河流，利用自然水位差把水引入城市，環鎮越街，入院繞屋，小河旁垂柳依依，薔薇攀枝，衆多的小橋等跨水建築物臨建水上。城市中還形成白馬龍潭和很多水井，以及供路人飲用的泉水口，居民還創造了『一潭一井三塘水』的用水方法。城中四方街西側的西河上設有活動閘門，居民利用西河與東河的高差來衝洗集市和街面，還利用水的衝力來碾米磨麵，爲此在一些河段上建有『水磨房』，爲世界古城所罕見。一九九九年在四川成都發現了唐宋大型排水渠，在僅一千餘平方米的發掘面積中，向東西方向延伸的排水渠長達一五〇米，渠寬一·二到一·四米，高一·三米左右，渠底是人工夯成的硬面，墻體及渠頂爲磚結構，磚多爲漢魏六朝至隋代舊磚，頂部用特製的素面楔形磚。整個排水渠爲統一規劃分段施工建成。它始建于唐，五代至宋不斷維修、淘浚，一直沿用。同時，在水渠中部南側，發掘出一座唐代大型水井，井深約四米，上口直徑一·八米，采用磚砌兩層井圈，內外圈之間填滿小鵝卵石，以利濾水；石質井底穿鑿三孔，以利汲水。迄今爲至發現的最早古井是上海青浦縣崧澤遺址下口徑約一米，深二米的飲用土井，距今五〇〇〇餘年。在青浦還存有兩座距今四五〇〇餘年（良渚文化時期）的古井。

我國有記載的修築海塘約起于東晉。在東南沿海成片地系統築海塘，始于唐代。如浙江鎮海縣始建于唐乾寧四年（八九七年）的『後海塘』，全長三六〇〇米，清乾隆時砌成石塘，石條龍筋相接，塘面石板交錯壓頂，整齊牢固。近鄰鄞縣建于唐代的『它山堰』，一九八六年被定爲國家級重點文物保護單位。公元九〇七年，爲保護杭州不受大潮汐的浸襲，吳越錢鏐決定在杭州六和塔到艮山門一段錢塘江岸『始築捍海塘』。先沿用唐代修土塘，失敗後，改用竹籠填石（借用了都江堰工程的經驗），固以木柱的施工技術，創建『竹籠石塘』，把修築海塘技術推進到一個新階段。直到元代，它纔讓位于木拒石塘，再經過明、清兩代，逐步發展到現今的魚鱗石塘。清雍正三年（一七二五年）上海奉賢縣的『華亭海塘』在元、明海塘基礎上開始修復，歷時十年，建成長二十四公里，通高五米，頂部寬約一·五米，底部寬約三米的『魚鱗石塘』。

歷代都進行過對黃河與長江的治理。西漢賈讓『治（黃）河三策』是漢哀帝（公元前六至一年）時由河堤官賈讓提出來的，它是第一個治理黃河的系統規劃。

《史記·河渠書》是世界上最早的一部水利史，隨後還有《水經注》、《宋史·河渠志》、沈括的《夢溪筆談》等一系列水利方面的專著。自宋以來的歷代地方志書中，均有水利專節乃至一章。北宋時的《夢溪筆談》所涉及水利的工程措施，就有十項：

一是水工高超堵口。記載了北宋慶曆年間一次黃河決堤堵口合攏工程。按慣例要在口門內放一根長六十步的埽，水工高超認爲埽太長，難以壓到河底，建議分三節，節間用繩連住，逐節下到河底，但因主持官員不聽，堵口失敗；後來，還是用此法纔把決口堵住。

二是錢塘滉柱。記叙了修築錢塘江口海塘中一項工程技術。

三是分洪搶險。記叙了北宋熙寧年間在今河南商丘縣境內，汴河突發洪水，河堤多處破壞時人們是如何分洪搶險的。

四是清除巨石。記叙了陝西某縣因衆多的大石堵塞山溝，造成洪水泛濫，該縣縣令派

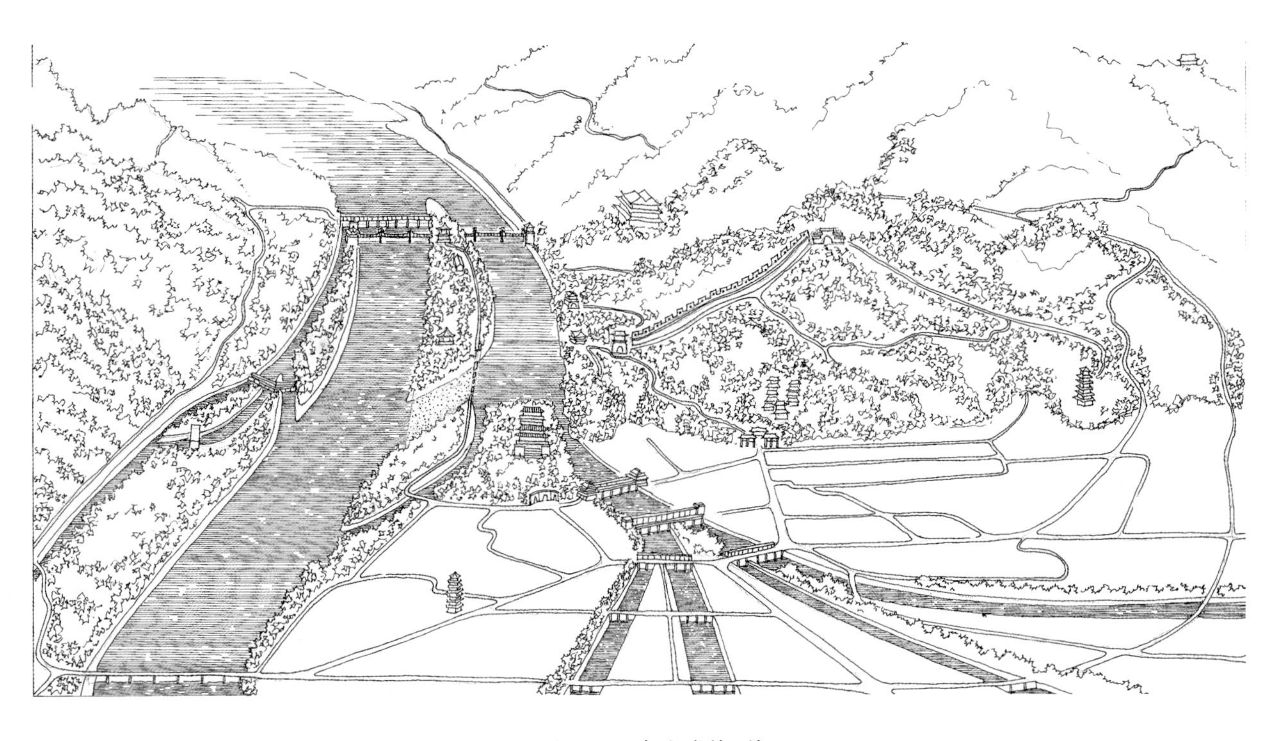

圖二五　都江堰概貌

人在每塊巨石下方挖一個與石頭大小相仿的坑，將石頭推進坑内，以平息水害。

五是淤田法。這是一種利用渾水灌溉的方法，早在漢代建鄭國渠中被運用，唐宋時廣爲采用，它還是王安石實施新政農田水利法的重要内容。

六是運河復閘。沈括從經濟效益上論證復閘比埭（即土壩）的好處。其在淮南運皇糧河上築埭復閘來調控水位升降，以利船舟通航，改變了以往將船絞拉過埭的辦法，每年可節省勞力五〇〇多人，費用一二五萬，又使運糧數量從四百萬石增至七八百萬石。船閘始建于唐開元初年，比歐洲最早建造船閘的荷蘭、德國等國早八〇〇餘年。

七是井上雨盤。介紹陵州（今四川仁壽縣）一口深五百多尺的鹽井，爲解决它的修理和井中毒气，在井口上設置一個木盤，盤口盛水，盤底開了許多小孔，讓水終日如雨水一樣往井下滴，此盤稱爲雨盤，爲宋代楊佐（曾任陵州推官）所創造。

八是水中築堤。它叙述了北宋嘉祐年間（一〇五六至一〇六三年）自蘇州到昆山六十里淺水地段取土修堤的工程技術措施和施工方法。堤上每隔三四里就修一座橋，以利水流和通舟。

九是一舉三濟。講的是北宋祥符年間（一〇〇八至一〇一六年）丁渭主持重建焚燒後的皇宮，用挖大街取土成渠，引汴河入渠，利用水運把建宫材料運入宫中。宫殿建成後，其廢材、瓦礫又回填渠中，重建大街，三項工程一舉完成。

十是巧修龍舟。講的是北宋熙寧年間，在汴梁（今河南開封市）的金明池北面挖修龍船大坑，坑底搭設修船架，先注水坑中，引龍舟入坑，再抽水讓龍舟落在船架上進行修理，船修好後，放水入坑，讓龍舟駛出。

二　代表性的水利建築工程

（一）都江堰

都江堰（圖二五）是世界聞名的綜合性大型水利工程，始建于戰國時期，使用至今已有二二五〇餘年。它是由分水導流工程、溢流排水工程飛堰和引水工程寶瓶口三部分組成。分水導流工程是利用岷江江心洲頭修建分水魚嘴堤，把岷江分爲內、外兩江，在魚嘴上游右側用三角形原木架裝巨石修築成百丈堤以護江岸，魚嘴兩側建有外金剛堤。飛沙堰在魚嘴堤的中部，長約一八〇米，是竹籠裝石築成的低堰，起着分洪減沙，汛期內江水挾沙從堰頂溢入外江，洪水時可將堰衝垮，保證灌區不成災。寶瓶口形如瓶口，是引水通道，用以控制內江流量，它位于離堆前崖壁處。外江是岷江主流，設有江安堰、石牛堰和黑石堰，分別是江安河、沙溝河和黑石河三大幹渠引水口，外江口建有水力發電站。整個工程利用岷江二〇〇米的落差，因循附近的地理、地貌，整體設計和施工十分科學、合理。

都江堰建成後，在堰上立三石人作水則，把石人的肩、足作爲水位上下的標準。這是世界上最早的水尺。爲防止河礫、卵石淤填，李冰父子還製定了『深淘灘，低作堰』的歲修原則和『遇彎截角，逢正抽心』的治水方針。

都江堰建成後，取得了『水旱從人，不知飢饉，時無荒年，天下謂之天府也』的驚世效果。灌區逐代擴大，早在明正德年間（一五〇六至一五二一年）就包括成都平原十三個縣二〇〇多萬畝。至一九九五年據統計，灌區已擴大至三十四個縣市的一〇〇〇多萬畝地，并形成了兼有發電、旅游、環保等綜合功能。

（二）白鶴梁石魚

被譽爲『世界第一古代水文站』的『白鶴梁石魚』，位于涪陵市城北的長江中，爲東西長一六〇〇米，南北寬約十五米的天然石梁。它常年淹没水中，僅冬春枯水時露出梁脊。自唐廣德二年（七六四年）迄至近代的石刻題記一七四段（其中水文題刻一〇八段），石刻魚圖十八尾（其中作水文標志者三尾，即在石上刻鯉魚爲水標，記錄枯水變化，預卜農業豐歉）。其斷續記錄了七十多個年份的歷史枯水位，從中得出長江上游每隔三年或五年就有一次枯水發生，十年就有一次較枯、六〇〇年就有一次極枯水位出現的結論。而古人銘刻的石鯉水標，和現代水文站測量水位升降數據的原理完全相同，實令人叫絶。上百段圍繞『石魚出水兆豐年』的題刻，反復論證了『石魚現，果大稔』的歷史事實。也有『魚出不節用，年豐難爲豐，魚没知節用，年凶未必凶』以及『民安則豐』的『不信天而貴人』的進步思想。

白鶴梁石魚于一九八八年被列爲全國重點文物。國務院正式定名『白鶴梁題刻』，并公布題刻計三萬餘字，篆、隸、行、草、楷諸體皆備，虞、褚、柳、歐各派并存，唐、宋、元、明、清及近代，歷代均有。

（三）靈渠

靈渠在廣西興安縣境内，又名湘桂運河、興安運河。它溝通湘灕二水，聯係長江與珠江兩大水系，長三十四公里。始鑿于秦始皇時期，名秦鑿渠；後因灕水上游爲靈水，亦稱靈渠。主要設施有形如巨大犁頭的『鏵嘴』分水工程，其後是左右延伸的人字形大小天平，把湘江水分成南北二渠，按三比七的比例分流進灕江和湘江。在渠道水淺流急處修築斗門，提升水位。靈渠的斗門爲船閘的先導，是世界上最早的運河通航措施。渠上有石橋多座，一些石橋墩臺鑿有閘槽，是一種閘橋。渠上的萬里橋，始建于唐代，是座單孔石拱亭橋。

靈渠的興修，促進了中原和嶺南經濟文化的交流，現仍爲興安縣重要農田灌溉河道。

（四）甘肅安西漢唐古渠

一九九七年初，在前人勘察與考證基礎上，確定在甘肅省安西縣極旱荒漠國家級自然保護區内，完整保存着一套可灌溉五十萬畝土地的疏勒河、幹渠、支渠、斗渠和農渠等的灌渠體系。遺迹總長度在六〇〇至一〇〇〇公里之間，渠首建有兩座用以保衛渠道安全的烽火臺。主幹渠遺迹約一米多高，寬處亦一米有餘。經過夯築的古渠現已成爲凸出地面的蜿蜒土梁，其兩側堅固，中間鬆軟，原來的夯窩則變成了『乳頂』。

該渠是漢朝打通河西走廊、列置四郡、開通西域過程中修建，歷時約兩千年，漢唐至元朝以前用于灌溉。古渠遺迹在全國乃至世界範圍内均屬首例，是水利史上一大奇迹。一九九七年經中外專家考察論證選定的世界銀行貸款援建甘肅河西走廊的灌溉系統，與古渠走向極爲相似。

（五）寧夏引黄灌區渠道

寧夏平原上首批引黄灌溉渠道建于漢武帝時期，歷代加修、擴建和維護。有塞外江南之美稱的寧夏平原包括今天的中衛縣境、中寧縣境、青銅峽縣境、永寧縣境直到銀州市境，均引黄河水灌溉。

中衛縣自西面的沙坡頭築美利渠引水改造沙漠、灌溉農田。該渠建于元末明初。用尖嘴把彎道上的黄河水分成兩股，較急的支流水引入渠道，使渠道水位比黄河主流水位高出二米左右，高出二米時水會從幾處人工排水口把渠水排回黄河。渠道最後是一座水閘，水經水閘灌溉下游農田，超過需要量時水從水閘排回黄河。渠道前部岸邊建有提水泵站，打水進入沙坡地。渠道全長二〇〇〇餘米，全是從岸邊岩石上開鑿出來。中寧縣的七星渠，在今青銅峽口開始，北魏時築一二〇里長的艾山渠，西夏時，又擴建爲長達二百至三百里的昊王渠。到青銅峽縣内築唐徠渠，長數百里，與永寧縣、銀川市的古渠道相接，通過蛛網似的支渠，灌溉着百萬畝良田。

據一九九六年九月對唐徠渠勘查，渠道距現今公路約五十米，是土渠，呈槽形，兩邊鋪砌片石，以防衝刷。渠頂寬約有十米，渠深三米。相隔一段設一閘口或設一水泵站。

（六）安徽舒城縣七門堰

它位于安徽省舒城縣西南七門山下，漢高祖七年（公元前二〇〇年）劉信爲羹頡侯，食邑于舒，始于七門嶺下阻河築堰，引水東北，灌溉農田八萬餘畝。繼之，又于東加築烏羊堰、槽牘堰，謂之七門三堰，共灌溉十萬餘畝。東漢建安五年（二〇〇年）劉馥爲揚州刺史，實行屯田，循劉信故迹修復荒廢，築斷龍舒水，灌田一五〇〇頃。明宣德時縣令劉顯疏導修浚，擴大灌溉面積，并製定用水辦法和管理制度。清代以後，日趨敗落，直至一九五〇年纔大修擴建。一九六五年隨淠史杭灌區綜合利用工程的使用，七門堰灌區納入杭淠幹渠的配套工程，成爲淠史杭灌區的重要組成部分，『三堰餘澤』也成爲旅游勝地。

（七）京杭大運河

京杭大運河（圖二六）始鑿于春秋諸侯兼并戰爭中，以後隋唐、明清至近現代繼續整修而成。它貫通南北四省二市，溝通海河、黃河、淮河、長江和錢塘江五大水系，全長一七九四公里，是世界上最長的人工河，比蘇伊士運河和巴拿馬運河要早二千多年。它映影著中華二千多年的歷史，薈萃著歷代先進水利工程技術，培植了天津、濟寧、徐州、宿

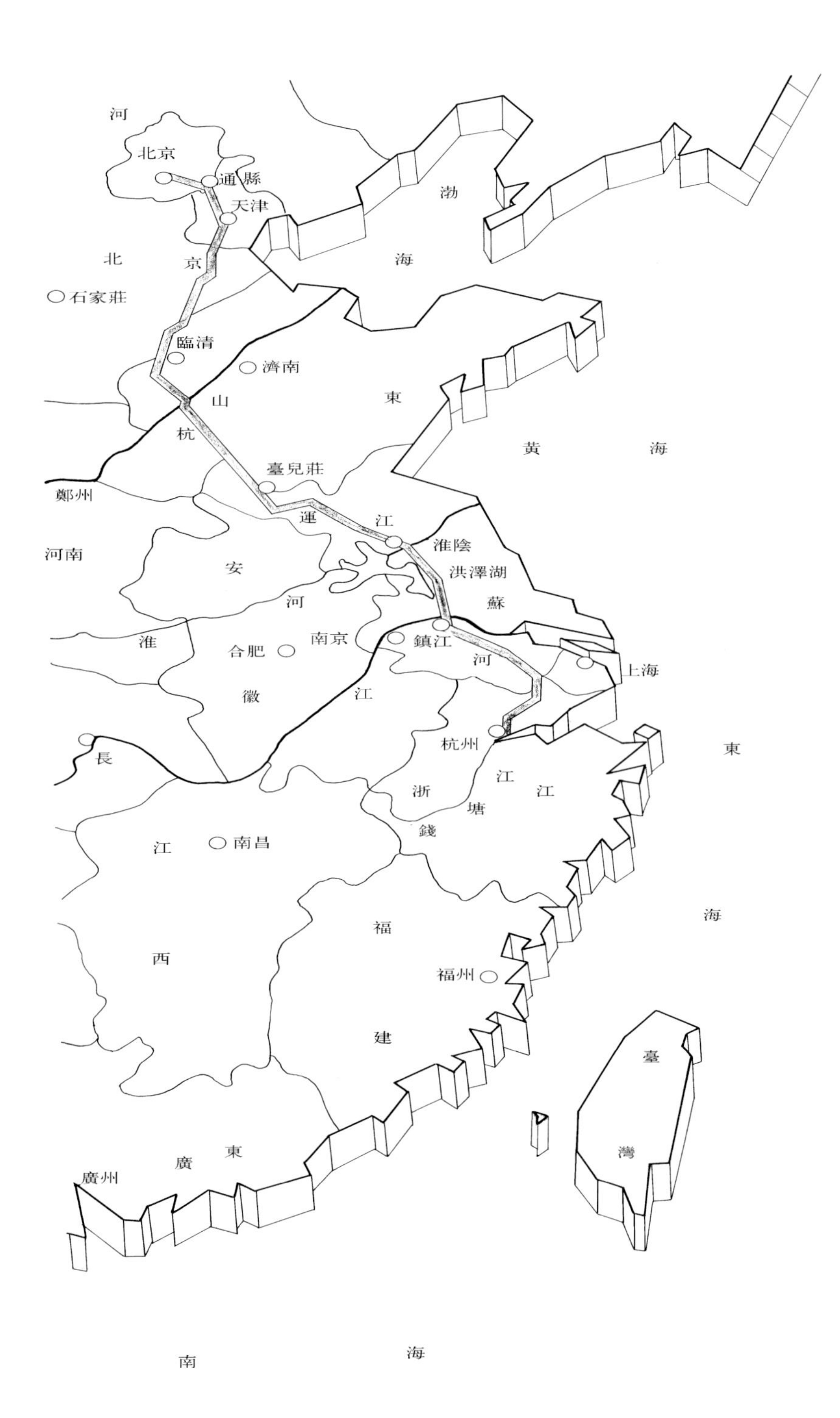

圖二六　京杭運河綫路示意圖

遷、淮安、揚州、鎮江、常州、無錫、蘇州、嘉興、杭州等一大批工商業城鎮。運河全綫文物古迹無數，安徽淮北柳孜隋唐大運河遺址是一九九九年國內十大考古發現之一。它孕育了一代又一代的思想家，科學技術家、文學藝術家、政治家，一直推動着中國經濟的發展、文化的繁榮。近十多年，國家及沿運河省市耗費巨資對大運河進行疏浚、修繕，并對沿河文物進行維護。

歷史上第一條運河是江南的胥溪。春秋時吳王闔閭、夫差爲圖霸業，于公元前五〇六年、四九五年及四八六年命伍子胥開鑿自太湖直達長江的運河，長一〇〇餘公里，名胥溪。

隋朝的南北大運河是以幾條最早的縱向古運河爲基礎，利用原有的天然水道，疏浚、

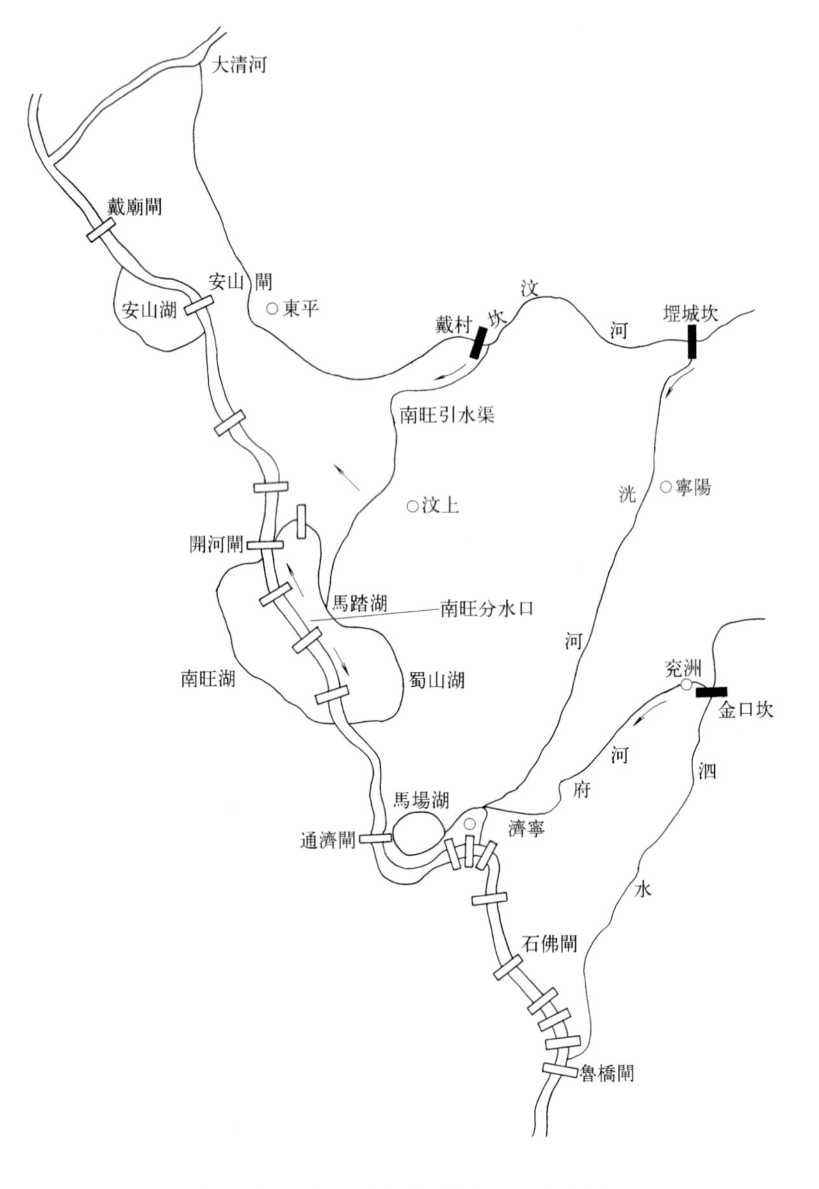

圖二七　會通河上的南旺分水示意圖

開鑿而成。這些古運河是：連接長江與淮河的邗溝，開鑿于公元前四八六年。它自揚州西北的邗城下經博藝、射陽二湖至末口（今淮安北）。溝通濟水與泗水的菏水，從而使淮河與黃河以最短路程連接，開鑿于公元前四八二年。第二次溝通淮河與黃河的鴻溝，從河南滎陽開渠，引黃河之水，經開封向南至淮陽，注入潁水，開鑿于戰國時期。三國時曹操接連開鑿了白溝、平虜渠、泉州渠、利漕渠等運河，將華北平原上的海河與黃河連成一體；而吳國孫權開鑿破岡瀆，銜接原有運道，將長江與錢塘江兩大水系相接。如此，五大水系已連成一體了。

隋煬帝先後開鑿了向東南延伸的通濟渠，向東北伸展的永濟渠，疏浚江南運河，重修山陽瀆。一條以洛陽爲中心，北至涿郡（今北京），南到杭州，長達二七〇〇餘公里的南北大運河終于開通。

到了元代，在元都水監郭守敬這位著名科學家與水利專家的規劃與主持下，先後開鑿了山東濟寧至安山的濟州河及安山至臨清的會通河，開通了從通州到大都城（北京）內積水潭（今什剎海西海）的通惠河，到一二九三年京杭運河終于南北全綫貫通并基本延續至今。

爲保證京杭大運河順利通航，最關鍵的技術是船閘技術及引水工程措施。山東會通河段，處在中間高、兩端低的地形上，要建成越嶺運道。在三〇〇多公里的長度內靠層層設閘來節制用水和保持航道水深，元代設大小閘三十一座，在南旺陡坡地，不到十里就設閘一座，使會通河成爲梯閘運河。明清又增至四〇餘座。該段運河制高點南旺，通過疏浚水泉，開新渠，築攔水壩，把汶河水匯集南旺，再使水南北分流（圖二七），南到徐州入黃河，北到臨清入南運河，沿途接納二〇〇餘個泉水匯流，保障了會通河用水。

沿運河築『水櫃』蓄水，以調節不同季節水量的不均衡。利用運河沿岸的窪地、沼澤、湖泊蓄水，旱時放水入運河，澇時接納運河的溢水和流域內的積水備用。

主要參考文獻

一 《中國古橋技術史》 茅以升主編 北京出版社 一九八六年五月

二 《紹興石橋》 陳從周 潘洪萱編著 上海科學技術出版社 一九八六年四月

三 《橋》 唐寰澄編著 中國鐵道出版社 一九八一年二月

四 《說園》 陳從周著 同濟大學出版社 一九八四年十一月

五 《中國橋梁》 項海帆主編 同濟大學出版社 建築與城市出版社有限公司 一九九三年四月

六 《橋梁史話》 橋梁史話編寫組 上海科學技術出版社 一九七九年八月

七 《中國科技史探索》中的『關于中國拱橋』 李國豪著 中國古籍出版社 一九八六年十二月

八 《中國古橋》 羅英著 人民交通出版社 一九五九年十月

九 《水利史研究會成立大會論文集》及水利、水電科學研究院與武漢水利電力學院、水利史研究室等有關論文著作。
一九八二至一九九六年間發表或出版

一〇 《中國美術全集·建築藝術編2陵墓建築》 中國建築工業出版社 一九八七年

一一 《中國古建築大系·4·文人園林建築》 中國建築工業出版社 一九九三年

一二 《中國古建築大系·3·皇家苑囿建築》 中國建築工業出版社 一九九三年

一三 《雲南瀾津橋与霽虹橋考》潘洪萱 《同濟大學學報》 一九八一年第一期

一四 《欲看古橋請去貴州》潘洪萱 上海《科學畫報》 一九九一年第五期

一五 《南宋時期泉州地區的石梁橋》 潘洪萱 《自然科學史研究》 一九八五年四卷四期

一六 《談談中國古代橋梁的技術及藝術特色》潘洪萱 《自然雜志》 一九八七年第七期

一七 《皖南石橋》 潘洪萱 《古建園林技術》 一九八八年第一期

一八 《漫步園林中的橋》 潘洪萱 《城市建設》 一九八二年第五期

注釋

一 《蒲津大浮橋考》 陸敬嚴 《自然科學史研究》 一九八五年四卷一期及《文匯報》 二〇〇〇年三月二〇日

二 《安平橋》 茅以升 《文物》 一九六三年第九期

三 經一九五七年實測，橋長二〇七〇米，橋墩三三一座

四 Joseph Need ham, Science and Civilisation in China, Vol.4, part3.

圖版

（一）橋梁部分

名橋

一　趙州橋側面

三　趙州橋獸面欄板

二　趙州橋的六朝欄杆竹節望柱

四　趙州橋隋朝蛟龍浮雕欄板

五　永通橋正面

六　永通橋側面

八　安平橋石塔兩尊及橋亭一座

七　安平橋全景

九　一九八二年未加欄杆的安平橋

一〇　盧溝橋側影

一一　整修後的盧溝橋

一二　橋東頭欄杆端石獅

一三　元朝盧溝橋橋欄與母獅

一五　瀘定橋東西兩頭橋屋

一四　瀘定橋遠眺(前頁)

一六　程陽永濟橋全景

一七　程陽永濟橋橋頭橋樓

一八　程陽永濟橋橋墩上木梁細部

一九　程陽永濟橋橋面及橋廊

二〇　程陽永濟橋橋上佛龕

二一　洛陽橋全景

全国重点文物保护单位
洛阳桥
中华人民共和国国务院
一九八八年一月十三日公布
福建省人民政府立
洛阳桥
福建省人民委员会

二三　洛陽橋橋中洲上『西川甘雨』石亭

二二　洛陽橋橋頭碑

二四　洛陽橋中洲上修橋碑石十二座

二五　洛陽橋石塔之一

二六　洛陽橋石塔之二

二七　已無浮橋的廣濟橋

二八　廣濟橋橋上鐵牛

二九　觀音橋全景

三〇　觀音橋上部側面

三一　觀音橋拱肋細部及修建年代刻字

三二　縴道橋全景

三四　縴道橋橋中碑亭

三三　繂道橋透視

三六　龍腦橋龍含石、象頭、麒麟與青獅雕刻

三五　龍腦橋全景（前頁）

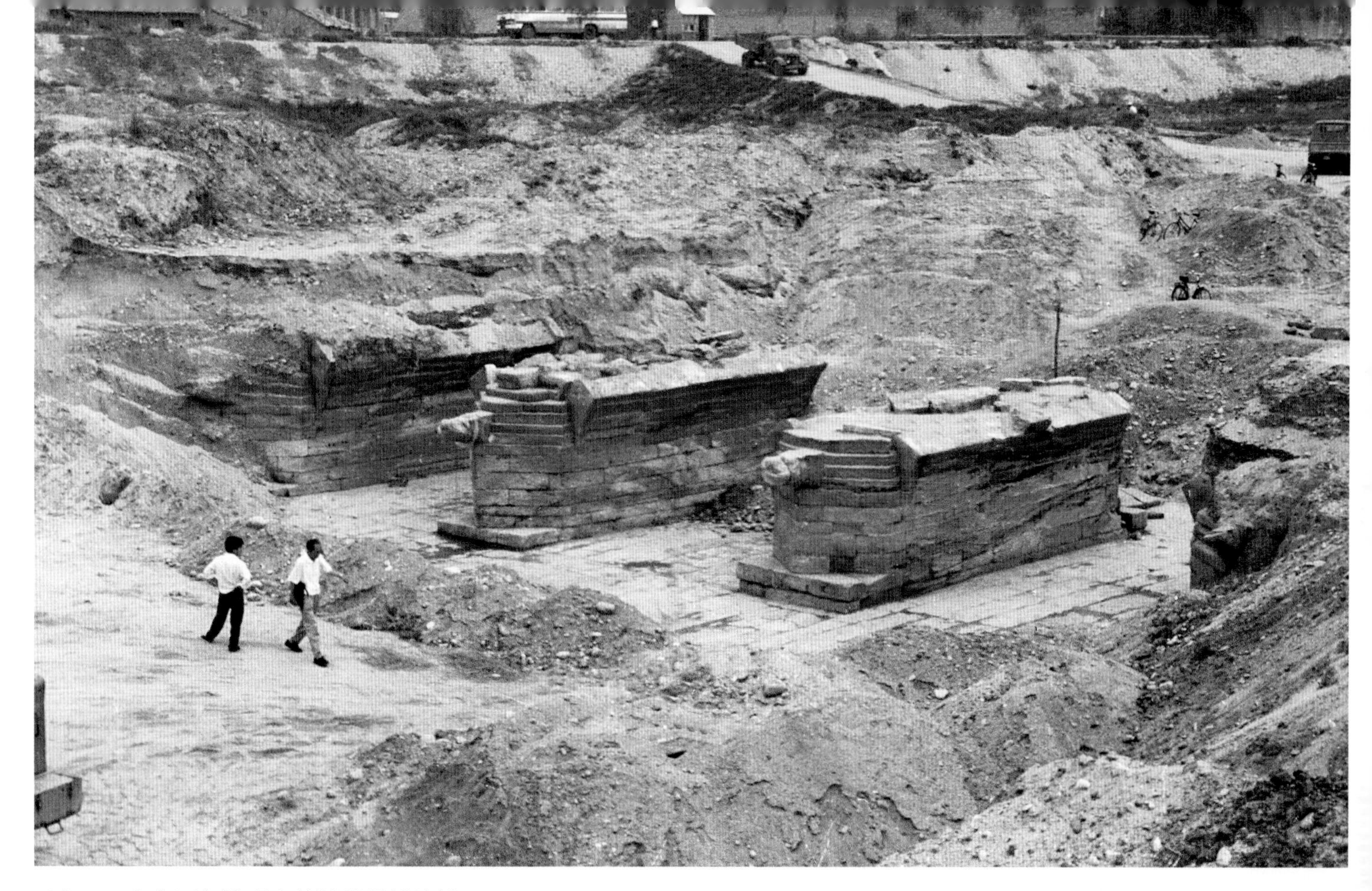

三七　一九九四年清理出的隋朝灞橋遺址

三八　呈船狀橋墩及分水尖上的石雕龍首（灞橋遺址）

三九　清道光時建石柱石墩灞橋（一九八五年攝）

四〇　小商橋全景

四一　小商橋橋臺一角的力士浮雕

四三　小商橋大小拱券銜接及拱肋上浮雕

四二　小商橋主拱東側南端龜首

四四　霽虹橋全景

四五　霽虹橋鐵索

四六　南開天生橋

四七　涪陵天生橋

四八　泰山仙人橋

五一　龍虎山象鼻拱

四九　張家界天生橋

五〇　石梁飛瀑

五二　廣元古棧道遺迹

五三　巫山小三峡滴水峡古栈道

高唐州

五五　雲龍水城藤橋

五四　宋代城門吊橋（一比一模型）

五六　峨眉山鐵吊橋

五七　山區中的竹梁木凳橋

五九　羌族地區的鐵吊橋之一

五八　泰順堤梁橋

六〇　羌族地區的鐵吊橋之二

六一　在聖母殿前的魚沼飛梁

六二　魚沼飛梁的梁柱結構

六四　北京天安門前金水橋

六三　北京故宮午門内金水橋

六五　嘉定孔廟泮橋

六六　南京明孝陵前泮橋（理念性橋）

六七　崇陽書院（唐建）中的泮橋

六八　東坡書院門前的橋

七〇　萬年寺長壽橋

六九　慧苑磴步橋

七一　雲月寺石拱橋（理念性橋）(後頁)

云月寺

七三　五臺山龍泉寺石拱橋

七一　雲月寺石拱橋（理念性橋梁）（前右頁）

七二　雲月寺石拱橋牌樓（前左頁）

七四　閩侯龍泉橋

七五　連城雲龍橋

七六　運龍通京橋

七七　福清龍江橋

七八　迎祥橋全景

七九　迎祥橋橋頭石碑及橋墩

八〇　平安橋

八一　浦城水北浮橋

八二　珠浦索橋全景

八三　珠浦索橋近景

八四　望安江鐵索橋全景

八五　望安江鐵索橋橋面及錨固

八七　奉化廣濟橋

八九　山區石墩木梁橋

八六　雲南永平縣清代鐵索橋

九一　太倉東亭子橋與民居河埠頭

九二　太倉東亭子橋橋面與橋欄

八八　集善橋

九〇　八字橋

九三　雲龍惠民橋

九四　武夷山餘慶橋（木拱）全景

九五　武夷山餘慶橋橋墩分水尖鳥形

九六　泗溪下橋（木拱）

九七　蘇州盛澤白龍橋

九八　上海普濟橋

谨慎驾驶
桥梁水域禁止追越交会
50吨以下单向通航

一〇〇　青浦放生橋

九九　餘杭廣濟長橋

一〇一　垂虹桥残迹

一〇二　寶帶橋全景

一〇三　寶帶橋橋頭石塔與石碑亭

一〇四　寶帶橋橋頭石獅

一〇五　南塘第一橋的全貌

一〇六　南塘第一橋橋面及橋堍古詩碑

一〇七　古華園秋水院前的樂善（南塘第一）橋

一〇八　蘇州行春橋

一〇九　建水雙龍橋

一一〇　餘姚通濟橋

一一一　興安萬里橋

一一二　岩前登封橋

一一三　岩前登封橋石牌坊

一一四　歙縣太平橋

一一五　貴州祝聖橋

一一七　太平橋抱鼓雕飾

一一八　陝西龍橋

一一六　紹興太平橋

一一九　玉帶橋

一二〇　頤和園後花園三孔石拱橋

一二一　五亭橋

一二二　『小飛虹』廊橋

一二三　紹興東湖橋群

一二四　平坡廊橋

一二五　留園假山中的石平橋

一二七　五座單跨、多跨石梁橋

一二九　十七孔石拱橋旁銅牛

一二八　十七孔石拱橋遠景

一三〇　荇橋

一三一　退思園天橋

一三二　拙政園水廊

一三三　近園小石拱橋

一三四　無錫寄暢園中的平橋與亭橋之一

一三五　無錫寄暢園中的平橋與亭橋之二

一三六　納彩橋

一三七　金蓮橋

一三八　練橋

一三九　北京北海公園内五龍亭橋

一四〇　浮玉橋

一四一　北京北海公園内堆雲積翠橋

一四二　北京北海公園内堆雲積翠橋牌樓

一四三　上海醉白池内假山石式拱橋

一四四　丁香花園橋

一四五　曲水園喜雨拱橋與廊橋

一四六　秋霞圃福壽橋

一四七　水心榭亭橋

一四九　餘蔭山房浣紅跨綠廊橋

一四八　个園無欄曲橋

一五〇　富安橋

一五一　全功橋橋聯南聯（左）

一五四　上海朱家角放生橋橋聯之二

一五二　全功橋橋聯南聯（右）

一五三　上海朱家角放生橋橋聯之一

一五五　西湖斷橋

一五七　古拱橋頂石板上的荷花及蓮蓬浮雕

一五六　雙橋

一五九　家院中的橋之二

一五八　家院中的橋之一

一六一　『雙橋落彩虹』

一六〇　琉璃橋

一六三　『水鄉、橋鄉』

一六四　橋與塔

一六二　『夕陽橋舟』

一六五　橋與水埠頭

一六六　雙橋與亭

一六七　橋套橋

一六八　桐鄉烏鎮東街橋與船塢及碼頭

一七〇　桐鄉烏鎮東街古橋與廊棚及民居之二

一六九　桐鄉烏鎮東街古橋與廊棚及民居之一

一七一　橋邊水上戲臺

一七二　橋與老街廊棚

一七三　蘇州石湖行春橋與越城橋

一七四　石湖雙橋

一七五　上坊橋全景

一七六　上坊橋拱肩龍頭石螭首

一七七　橋畔雙獅

一七八　橋前魚鷹船

一七九　石拱橋頂欄板浮雕之一

一八〇　石拱橋頂欄板浮雕之二

一八一　孩兒橋橋欄板

茶

一八三　拱橋龍門石上的輪迴圖

一八二　麗江四方街民居門前的栗木橋

一八四　橋樓殿

一八五　果合橋

一八六　仙洞橋

一八七　接仙橋

一八八　太湖鼋頭渚的三孔石拱橋

一八九　山區溪流上民居門前小石橋群

一九〇　臺灣高雄深水吊橋

一九一　徐凫瀑布下石拱橋

一九三　上海濟渡石梁石壁墩橋

一九四　鷹嘴岩畔的踏步橋

一九二　大紅袍茶林下的踏步橋

一九五　石桅岩下堤梁橋

一九六　水城門——蘇州盤門

一九七　太倉新閘橋

一九九　蘇州楓橋

一九八　橋上的張仙閣

二〇〇　杭州鳳山水城門

二〇一　三江閘橋

二〇二　都江堰前半部全貌

二〇三　都江堰的飛沙堰

二〇四　都江堰寶瓶口

二〇五　江南運河與寶帶橋

二〇六　裏運河邗溝遺址

二〇七　地處天津市中心南運河、北運河和海河幹流交匯處的三叉口

二〇八　京杭運河中的江南運河

二〇九　江南運河吳江段上的一個渡口

二一〇　京杭運河畔吳江段的縴道

二一一　靈渠總貌

二一二　靈渠的人字壩與測水標尺

二一三　靈渠的『鏵嘴』

二一四　靈渠的明碑『湘灕分派』

二一五　靈渠的渠水入口的斗門及石橋

二一六　華亭石塘

二一八　華亭石塘兩方雍正磨石碑刻

二一七　華亭石塘東頭兩段石塘

二二〇　一潭二井三塘水之一

二一九　木蘭陂（前頁）

二二一　一潭二井三塘水之二

二二二　水磨房

二二三　北宋堤橋遺迹

二二四　齊國故城排水道口

二二五　四川青城山老君廟内宋代鴛鴦井

二二六　寧夏引黃灌區渠道

圖版説明

（一）橋梁部分

名橋（編排按定為國家重點文物的時間先後）

一　趙州橋側面

位于河北省趙縣城南五里的洨河上，是世界上現存最古老、跨徑最大的敞肩圓弧石拱橋。又名安濟橋，俗稱大石橋。橋淨跨三七·〇二米，拱矢淨高七·二三米，矢跨比爲一比五·一二，總長五〇·八三米，主拱由二十八道拱券并列組成，拱頂寬九米，拱脚寬九·六米，爲變截面拱。大拱上有四個小孔，以减輕橋梁自重和渲泄洪水。一九七九年經鑽探勘察確定橋地基爲輕亞黏土，橋臺無長後座，基礎下無樁。

橋始建于隋開皇十五年（五九五年），大業元年（六〇五年）建成，由匠師李春等人建造。大致有五類欄板和三種望柱，最早的是隋朝雕龍欄板，其次是六朝斗子捲葉欄板及金代人物山水欄板。自宋代以來一直流傳着魯班造安濟橋的神話故事。橋建成後，『形成一個學派風格，并延續了數世紀之久』，還傳到歐洲。

橋在唐代就是『天下的雄勝』。一九六一年被列爲國家重點文物保護單位。

二　趙州橋的六朝欄杆竹節望柱

三　趙州橋獸面欄板

宋刺史杜德源《安濟橋》詩

駕石飛梁盡一虹，捲龍驚蟄背磨空；
坦平箭直千人過，驛馬馳驅萬國通。
雲吐月輪高拱北，雨添春水去朝東；
休誇世俗遺仙迹，自古神丁役此工。

四　趙州橋隋朝蛟龍浮雕欄板

元代劉百熙過趙州橋作詩

誰知千古媧皇石，解補人間地不平；
半夜移來山鬼泣，一虹横絶海神驚。
水從碧玉環中過，人在蒼龍背上行；
日暮憑欄望河朔，不須擊楫壯心生。

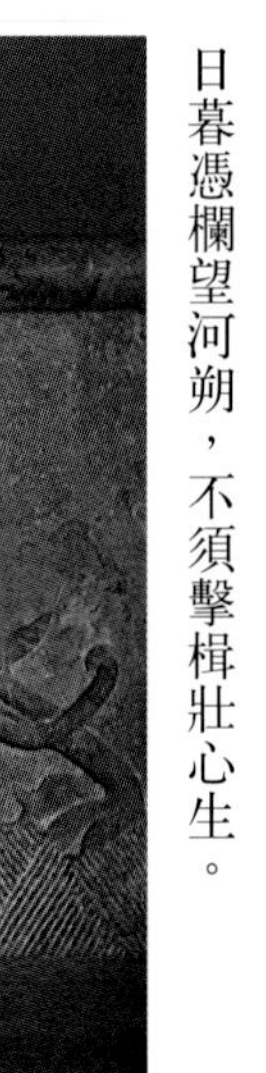

五　永通橋正面

位于河北省趙縣舊城西門外清水河上，是敞肩式圓弧形單孔石拱橋，大拱上有四個小孔，造型、結構與趙州橋相似，俗稱小石橋。橋跨徑二十六米，拱矢高五・二米，矢跨比爲一比五，橋寬六・三米。橋于金明昌年間（一一九〇至一一九五年）由趙人裒錢所建。

一九六一年列爲國家重點文物保護單位。

六　永通橋側面

七　安平橋全景

位于福建省泉州市安海鎮，橫跨于安海港海灣上，從安海鎮連接到西邊的南安縣水頭鎮，俗稱五里西橋，是一座漫水石梁橋。原橋長八一一丈，寬一·六丈，三六二孔。一九七九年實測橋長爲二〇七〇米，寬一·八米至二米，三三一個橋墩（其中方形墩二五九個，半船形墩四十五個，兩頭尖船形墩二十七個），是現存世界上最長的石梁石墩橋。

橋始建于南宋紹興八年（一一三八年），紹興二十一年建成。

當時的泉州郡守趙令衿用『玉帛千丈天投虹，直欄橫檻翔虛空』（《咏安平橋》）的詩句形容它的雄偉壯觀。

現橋爲一九八二年重修，重修時却加了橋欄杆，失去了漫水橋的原貌。

一九六一年列爲國家重點文物保護單位。

八　安平橋石塔兩尊及橋亭一座

九　一九八二年未加欄杆的安平橋

一〇　盧溝橋側影

位于北京市廣安門外約十五公里的豐台區永定河上，是一座十一孔長石拱橋，俗名蘆溝橋，曾用『廣利』名。橋由淨跨分別爲一一・四、一二、一二・六、一二・八、一三・一八、一三・四五、一三・三、一三・一五、一二・六四、一二・四七、一二・三五米圓弧拱組成，全長二一二・二米，加上兩端橋堍，總長二六六・五米。橋面淨寬七・五米，橋面中心高起九三・五厘米，爲千分之八的縱坡。拱券用框式横聯法砌築，橋墩前尖後近方，呈船形，墩尖長爲四・五至五・二米，寬五米，尖頂上安置一根二十六厘米邊長的三角形鐵柱，以迎水破冰，橋梁擁有千姿百態、奇巧迷人的大小石獅四八五個。

橋始建于章宗大定二十九年（一一八九年）六月，金代明昌三年（一一九二年）三月建成。

一九八九年九月十一日建橋八〇〇周年時，在橋頭豎碑，碑正面由名書法家尹瘦石題寫的『古渡千秋』，背面記錄了橋的歷史。

一九六一年列爲國家重點文物保護單位。

元代尹延高《盧溝曉月》詩

欄杆晃漾晨霜薄，
馬渡石橋人未覺；
滔滔流水去無聲，
月輪正挂天西角。
千樹萬落荒鷄鳴，
大車小車相間行；
停鞭立盡楊柳影，
孤鴻滅没青山横。

一一　整修後的盧溝橋

一二　橋東頭欄杆端石獅

作爲抱鼓石，意作拱橋砥石。

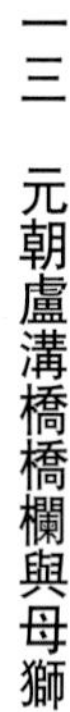

一三　元朝盧溝橋橋欄與母獅

一四　瀘定橋遠眺

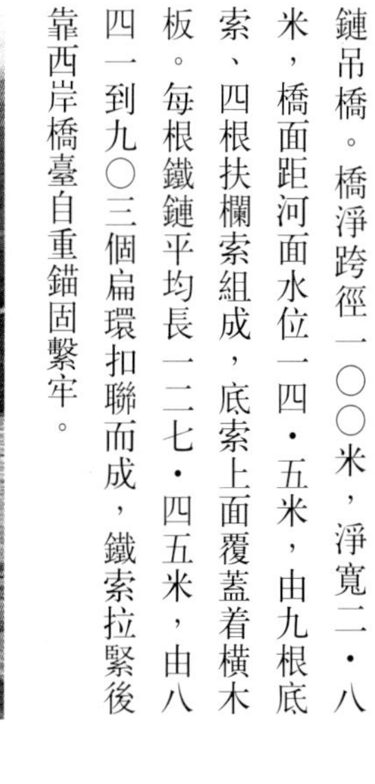

位于四川省瀘定縣城西的大渡河上，橋東是二郎山，橋西是海子山，是一座單跨鐵鏈吊橋。橋淨跨徑一〇〇米，淨寬二・八米，橋面距河面水位一四・五米，由九根底索、四根扶欄索組成，底索上面覆蓋着横木板。每根鐵鏈平均長一二七・四五米，由八四一到九〇三個扁環扣聯而成，鐵索拉緊後靠西岸橋臺自重錨固繫牢。

橋始建于清康熙四十四年（一七〇五年），次年四月建成。一九七七年在四次大修、一次小修後又重修。

一九六一年列爲國家重點文物保護單位。

一五　瀘定橋東西兩頭橋屋

清朝查禮咏瀘定橋詩

蜀疆多尚竹索橋，松維茂保跨江饒；
幾年頻涉竟忘險，微軀一任輕風飄。

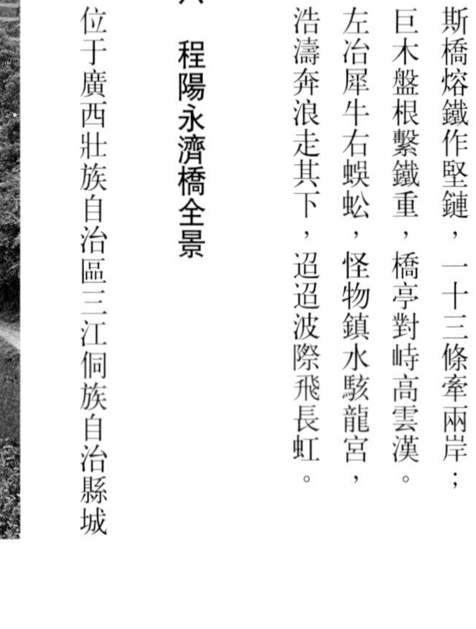

斯橋熔鐵作堅鏈，一十三條牽兩岸；
巨木盤根繫鐵重，橋亭對峙高雲漢。
左治犀牛右蜈蚣，怪物鎮水駭龍宮，
浩濤奔浪走其下，迢迢波際飛長虹。

一六　程陽永濟橋全景

位于廣西壯族自治區三江侗族自治縣城北二〇公里的程陽村，跨林溪河，又稱三江程陽橋，是一座伸臂木梁式屋橋。橋由四孔五墩組成，每孔淨跨一四・二米，全長六四・四米，加兩端橋垵總長七十六米，橋寬三・四米，橋高一〇・六米，石墩木面瓦屋頂，橋墩上用直徑一・六尺的八根連排杉木分上下三層叠合向橋中間挑出并相連。石墩上都建有樓亭，用廊把五座樓亭貫通，俗稱廊橋、花橋。

一九八二年列爲國家重點文物保護單位。

一七　程陽永濟橋橋頭橋樓

一八　程陽永濟橋橋墩上木梁細部

一九　程陽永濟橋橋面及橋廊

二〇 程陽永濟橋橋上佛盒

二一 洛陽橋全景

位于福建省泉州市東約二十華里、與惠安縣分界的洛陽江入海口，是我國最早的海灣長石梁橋，又名萬安橋。北有趙州橋，南有洛陽橋。橋長三六〇丈，寬一・五丈，共有四十七孔。是古橋中石刻、傳説、故事、戲劇、文物最多的橋。

橋始建于北宋皇祐五年（一〇五三年）四月，至嘉祐四年（一〇五九年）十二月建成。

一九八六年列爲國家重點文物保護單位。

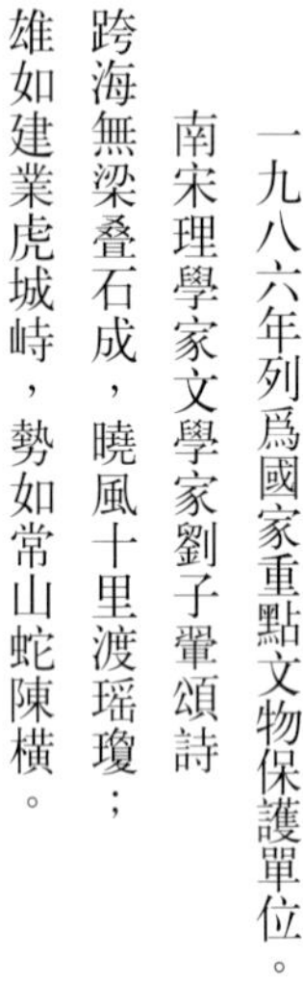

南宋理學家文學家劉子翬頌詩

跨海無梁叠石成，曉風十里渡瑶瓊；

雄如建業虎城峙，勢如常山蛇陣横。

二二 洛陽橋橋頭碑

清朝凌登讚頌《洛陽橋》詩

洛陽之橋天下奇，飛虹千萬横江乖。西有滾滾萬壑流波之傾注，東有項灝湃澎潮汐之奔馳。石梁亘其上，震嘯永不移。千秋萬歲功利簿，直與天壤無休期，巍然巨石中流峙，……。雄鎮東南數千里，遥望扶桑海日升。……。天空雲瀚滄海闊，東風吹雲海山裂。宇宙神物能有幾，如此大觀稱奇絶。

二三　洛陽橋橋中洲上『西川甘雨』石亭

二四　洛陽橋中洲上修橋碑石十二座

二五　洛陽橋石塔之一

二六　洛陽橋石塔之二

二七　已無浮橋的廣濟橋

位于廣東省潮州市東門外，正對濟川門，橫跨韓江，是一座梁橋和浮橋相結合的橋梁。中間浮橋能開能合，是中外開合橋梁的先驅。建成時取名濟川橋，曾名丁公橋，俗稱湘子橋。該橋梁分成東西兩段，東段十二孔，長二八三米；西段七孔，長一三七米；梁橋之間，用十八隻梭船搭成浮橋，定時啓閉，連成一體。全長五一五米，寬約五米。一九五八年拆除浮橋，新建了十九孔鋼筋混凝土梁。中間用鋼桁梁代替，在其附近仍保存着從前面梁橋面走下去到浮橋的幾十級石級。

橋始建于南宋乾道六年（一一七〇年）。

一九八六年列爲國家重點文物保護單位。

二八　廣濟橋橋上鐵牛

清乾隆鄭蘭枝《廣濟橋》詩

湘橋春曉水迢迢，十八梭船鎖畫橋；
激石雪飛梁上鷺，驚濤聲徹海門潮。
雅州漲起翻挑浪，鱷渚烟深濯柳條；
一帶長虹三月好，風光幾擬到層霄。

二九　觀音橋全景

位于江西省星子縣廬山南側五老峰下，玉淵潭南，栖賢古寺旁，橫跨于山澗東西懸崖上，是單孔石拱橋，又名栖賢橋，亦稱三峽橋。橋跨徑約十米，全長二〇·四五米、橋寬四·一米。拱圓用并列砌築，每券拱石凹凸相接，工藝奇特。從橋拱中心券石銘文知該橋建于南宋大中祥符七年（一〇一四年）。

一九八六年列爲國家重點文物保護單位。

三〇　觀音橋上部側面

三一　觀音橋拱肋細部及修建年代刻字

三二　縴道橋全景

位于浙江紹興縣柯橋到錢清之間的蕭(山)紹運河邊，橋與運河平行，爲逆水行舟時拉縴用，故稱縴道橋，俗稱百孔官塘，又稱鐵鏈橋，是運河上紹興古縴道(全長七十五公里)的一部分。橋梁爲石墩石梁結構，共有一一五孔，每孔淨跨徑二米左右；橋面用三根條石拼成，寬一·五米；橋墩用條石乾砌，墩厚一·五米。橋全長三八六·二米。石梁底一般都貼近水面，衹有東端第四十五孔較高，以通小舟。

橋建于清同治年間(一八六二至一八七四年)。

一九八八年列爲國家重點文物保護單位。

三三　縴道橋透視

三四　縴道橋橋中碑亭

三五　龍腦橋全景

位于四川省瀘縣福集區九曲河上，是一座多跨石梁石墩橋。橋有十六孔，十四個橋墩，每孔有兩條石梁卡在橋墩中，全長五十四米。橋中部有八座橋墩的一端，分別雕刻有龍頭、麒麟、青獅、白象等吉祥物，造型別致，雕刻渾厚剛毅，比例勻稱，工細規整，神態逼真，栩栩如生。龍口內有三十多公斤重的寶珠，運用鏤空雕刻的技法，滾動自如，加上集多種吉祥物于一體，實屬罕見。

橋建于明洪武年間（一三六八至一三九八年）。

一九四九年後因下游修電站河流水位升高，而原橋低矮，爲保護古橋，一九八八至一九九〇年間將橋墩提高一・三米，并維修了有裂紋的龍頭。

一九九四年列爲國家重點文物保護單位。

三六　龍腦橋龍含石、象頭、麒麟與青獅雕刻

三七　一九九四年清理出的隋朝灞橋遺址

位于西安古城以東十公里，跨越灞水，初稱霸橋。已有兩千幾百年的歷史，屢修建屢毀壞，橋址也南移數百米。

隋朝開皇二年（五八三年）灞橋遺址于一九九四年四月至六月挖掘出土，被列爲當年十大考古新發現之一。清理出三孔橋洞、四座橋墩，是座全長約四〇〇米的聯拱拱橋。橋墩呈船狀兩頭尖，用厚四十厘米長一米的青石砌築，分水尖頂部有石雕龍頭。墩長九・二五米至九・五七米，寬二・四米至二・五三米，殘高二・六八米，墩間淨寬（拱淨跨）五・一四米至五・七六米。橋墩周圍及橋墩之間，于沙層中夯滿直徑約十五厘米的木樁，木樁上面用方木鋪就，方木上面再覆以寬達十七米的石板，上承橋墩。北宋時曾大修，元代廢弃。一九九四年局部考查後又回填土埋沒，該橋仍保存土中。

三八　呈船狀橋墩及分水尖上的石雕龍首（灞橋遺址）

三九　清道光時建石柱石墩灞橋（一九八五年攝）

清道光十三年（一九三三年）所修灞橋，爲多跨木樁基礎石製排架墩簡支木梁橋，橋長三五四米，六十七個橋孔，橋孔跨徑小的四米多，大的有七米，橋欄內寬七・五米，六十八排石柱墩，每墩石柱六個。橋由墩底盤至橋面，共高五・二八米。

一九五七年改建成爲公路橋，歷經一二

○餘年的老橋經拆查鑒定，僅更換橋面，就可爲現代交通服務。一九八二年把橋墩石排柱部分全部用鋼筋混凝土包起來，已失去了原貌。

四○ 小商橋全景

位于河南省臨潁、郾城兩縣交界處的皇帝廟鄉商橋村，跨潁水（舊名殷水，又名小商河），是敞肩式單孔圓弧石拱橋，俗稱隋橋。歷史上是鄭州至南陽、徐州至西峽、漯河至界首三條交通的咽喉。橋淨跨一一·六米，矢高二·二米，橋寬六·五米，全長二一·三米。大拱上有二個小孔，跨徑二·六米，矢高○·六米。大拱、小拱均由二○道拱石并列砌築而成。每道券寬二十五厘米至三十五厘米不等，全橋用紅色砂岩砌成，橋臺高二米，用六層條石砌成，四角頂部各浮雕一個力士像，意鎮守保衛。拱券兩側面都雕有生動精美的龍馬、花草、幾何圖形，主拱東側拱背各嵌一獸頭，北端爲龍首，南端爲龜首。

橋創建于隋開皇四年（五八四年），元大德年間重修，清康熙十四年（一六七五年）僧祿募修。現橋似北宋遺物。

一九八六年列爲河南省重點文物保護單位。

四一 小商橋橋臺一角的力士浮雕

四二　小商橋主拱東側南端龜首

四三　小商橋大小拱券銜接及拱肋上浮雕

四四　霽虹橋全景

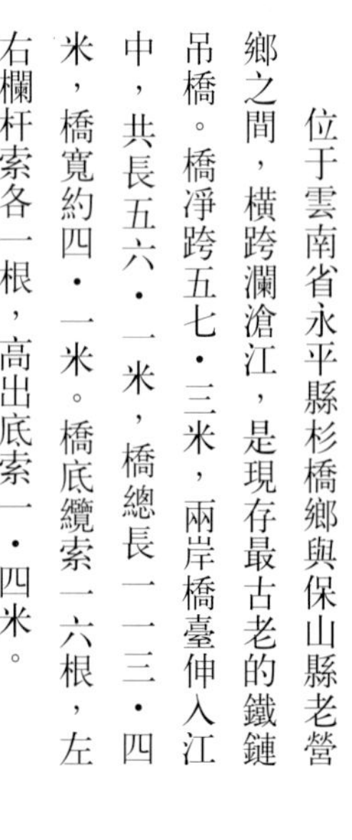

位于雲南省永平縣杉橋鄉與保山縣老營鄉之間，橫跨瀾滄江，是現存最古老的鐵鏈吊橋。橋淨跨五七・三米，兩岸橋臺伸入江中，共長五六・一米，橋總長一一三・四米，橋寬約四・一米。橋底纜索一六根，左右欄杆索各一根，高出底索一・四米。

橋始建于明成化年間（一四六五至一四八七年）。當時的副使吳鵬曾在橋西岸岩壁上題字『西南第一橋』，至今完好。

一九八三年列爲雲南省重點文物。

四五　霽虹橋鐵索

明李元陽《霽虹橋》詩

武皇蒟醬事蒼茫，漢使輪蹄入永昌。
當日無橋惟縛筏，十人欲渡九彷徨。
聖代車書四海一，蚤成危構接天潢。
人力所通無不服，華陽黑水稱惟梁。
諸侯獻玳亦貢象，普天率土歌來王。

四六　南開天生橋

位于貴州省西端水城縣南開區幹河鄉，橋高五十餘米，寬十餘米，長二十餘米，橋上可以行人。

四七　涪陵天生橋

位于重慶市東面的涪陵縣，蒼翠山崖下。山臂連接如橋，橋下沙石垓坫，橋上草木芳菲。

四八　泰山仙人橋

位于山東泰安泰山極頂東南方。

四九　張家界天生橋

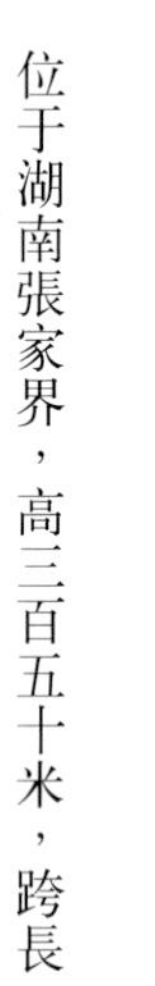

位于湖南張家界，高三百五十米，跨長五十米，寬三米，橋下溝壑，深不可測。

五〇　石梁飛瀑

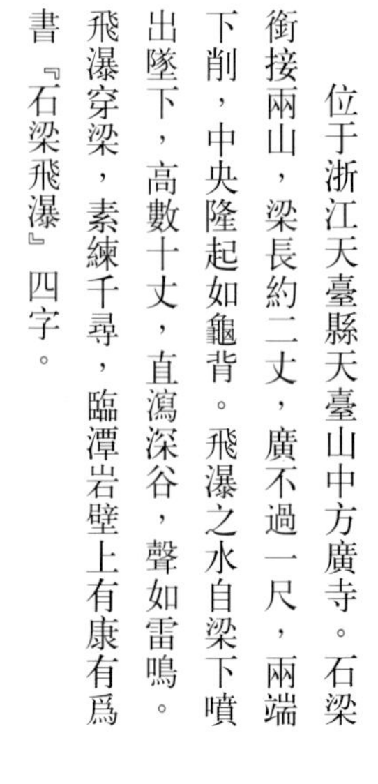

位于浙江天臺縣天臺山中方廣寺。石梁銜接兩山，梁長約二丈，廣不過一尺，兩端下削，中央隆起如龜背。飛瀑之水自梁下噴出墜下，高數十丈，直瀉深谷，聲如雷鳴。飛瀑穿梁，素練千尋，臨潭岩壁上有康有爲書『石梁飛瀑』四字。

五一　龍虎山象鼻拱

位于江西省鷹潭市龍虎山景區，形如象鼻吸水，又稱爲象鼻拱石。

五二　廣元古棧道遺迹

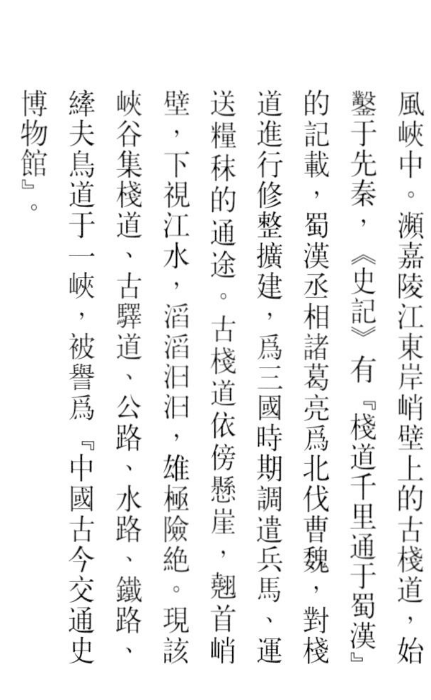

古棧道遺迹在廣元市北面的明月峽和清風峽中。瀕嘉陵江東岸峭壁上的古棧道，始鑿于先秦，《史記》有『棧道千里通于蜀漢』的記載，蜀漢丞相諸葛亮爲北伐曹魏，對棧道進行修整擴建，爲三國時期調遣兵馬、運送糧秣的通途。古棧道依傍懸崖，翹首峭壁，下視江水，滔滔汩汩，雄極險絶。現該峽谷集棧道、古驛道、公路、水路、鐵路、縴夫鳥道于一峽，被譽爲『中國古今交通史博物館』。

五三　巫山小三峽滴水峽古棧道

五四　宋代城門吊橋（一比一模型）

五五　雲龍水城藤橋

位于雲南大理市雲龍水城，橋用當地生產的山葡萄藤編織而成，是一種網式吊橋，全長二十五米，懸跨于急流溪河上。

五六　峨眉山鐵吊橋

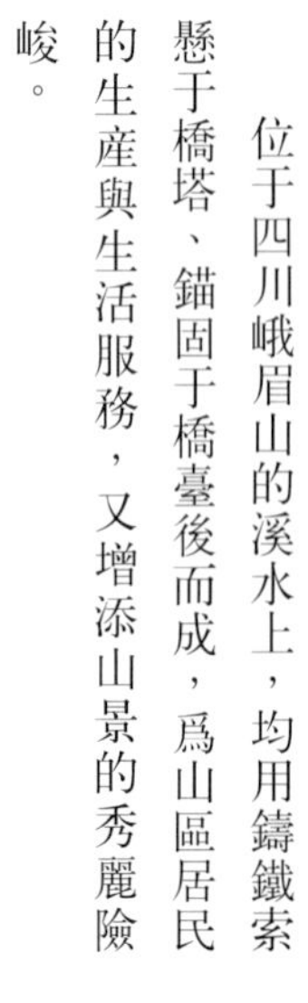

位于四川峨眉山的溪水上，均用鑄鐵索懸于橋塔、錨固于橋臺後而成，爲山區居民的生産與生活服務，又增添山景的秀麗險峻。

五七　山區中的竹梁木凳橋

位于浙江新昌縣鏡嶺雅莊穿岩十九峰下的竹梁木凳橋，跨越山下溪流，橋與橫亘五里的十九個山峰、山上秀异林木以及澄碧溪水組合成錦綉畫面。

五八　泰順堤梁橋

位于浙江泰順縣，稱爲『仕水石丁步』。

列為浙江省重點文物保護單位。

五九　羌族地區的鐵吊橋之一

四川岷江上游的鐵吊橋，跨越岷江的就有二十座，其中阿巴羌族居住區的鐵吊橋有六座。江兩邊高山險峻，江水清澈湍急，穿流于巨石暗礁時，發出轟鳴之聲，吊橋凌空氣勢不凡。

六〇　羌族地區的鐵吊橋之二

六一　在聖母殿前的魚沼飛梁

位于山西太原晋祠聖母殿前，始建于北宋，是現存最早的十字橋梁。正橋東西向，長約十八米，寬約六米；翼橋南北向，與正橋成十字型，在橋中心形成六平方米的場地。橋由三十四根八角形石柱支托，柱頂上用木斗栱与横梁支承住松木板梁，灰色方磚橋面，漢白玉欄杆，是座石木磚組合梁橋。

因地巧布飛梁，結構功能發揮及配合環境都很好。

六二　魚沼飛梁的梁柱結構

六三　北京故宫午門内金水橋

位于北京故宮内及天安門前。金水橋的藍本出自元皇城的周橋。元世祖忽必烈于公元一二七六年召天下匠師修建元皇城崇天門前的周橋，在衆多的橋梁畫圖方案中選定了出身于石工世家的河北曲陽的楊瓊的設計方案，并下令督建。《故宮遺錄》記有，周橋『皆琢龍鳳祥雲，明瑩如玉。橋下有四白石龍，擎戴水中，甚壯』。明皇城照周橋式樣營造金水橋。

六四　北京天安門前金水橋

六五　嘉定孔廟泮橋

自唐朝以後，孔廟、孔府及書院前建泮池、造泮橋已成固定模式。上海嘉定孔廟始建于宋嘉定十二年（一二一九年），廟前有泮池，池中央有三座并列的單孔石拱橋跨越，中間一座橋面上刻有龍紋圖案。祇有皇族纔可走中間橋入孔廟。

六六　南京明孝陵前泮橋（理念性橋）

位于南京明孝陵墓前，建于明代。

六七　崇陽書院（唐建）中的泮橋

位于河南登封市崇陽書院（是現存中國最早的書院）內。

六八　東坡書院門前的橋

位于江蘇宜興東坡書院門前，跨小池，其作用類似泮橋、泮池。

六九　慧苑磴步橋

位于福建武夷山景區慧苑坑丹霞峰下，古崖居下畔。

七〇　萬年寺長壽橋

在四川峨眉山萬年寺大雄寶殿前殿，跨越『放生池』，單孔石拱橋。

七一　雲月寺石拱橋（理念性橋）

位于甘肅蘭州白塔山公園内，橋建于明代，橋兩端均建有牌樓。

七二　雲月寺石拱橋牌樓

七三　五臺山龍泉寺石拱橋

位于山西佛教勝地五臺山。龍泉寺創建于宋，明嘉靖初重修，清末民國初年又重修。勾欄小石拱橋在龍泉寺山門與石牌坊之間。橋兩側有漢白玉石獅兩尊。石牌坊從基石、抱柱、斜戟、額坊、斗栱到瓦頂、脊獸，雕鑿着八十九條蛟龍。石橋、石獅、石牌坊雕工俱佳。

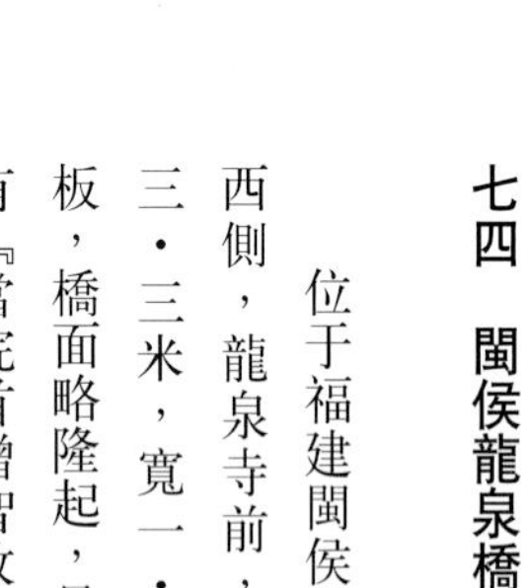

七四　閩侯龍泉橋

位于福建閩侯縣鴻尾鄉超乾村，處村莊西側，龍泉寺前，跨一溪溝。橋是一塊長三·三米，寬一·一米，厚〇·三米的石板，橋面略隆起，呈微彎狀，橋面一側鎸刻有『當院首僧智孜智愈』等十多名僧人修建和『中元戊辰二月記』字迹。

《福建省交通志》記有：『唐景雲元年（七一〇年）侯官龍泉寺僧人建成龍泉橋。』它是我國現存最早的石梁橋。

七五　連城雲龍橋

位于福建連城縣羅坊鄉，跨青岩河，係木伸臂梁石墩廊橋。五孔四墩，全長八一米，寬五米，高九·四米，橋兩端用牌樓橋門，上懸『雲龍橋』匾額。橋始建于明崇禎七年（一六三四年），清乾隆三十七年重建。

七六　運龍通京橋

位于雲南大理運龍山中，又名大波羅橋，始建于清乾隆四十四年（一七七六年）。單孔伸臂木梁廊橋，全長四十米，寬四米。采用木方交錯架叠，從岸邊層層向河中挑出，中間用長十二米的五根橫梁銜接，上鋪木板組成橋面，橋上覆以瓦屋頂，橋內兩側平置。橋外側用木板作橋面圍欄。

七七　福清龍江橋

位于福建福清市海口鎮，跨越龍江，石梁石墩橋。現橋爲四十孔，橋孔徑九至一三米，三十九座船形石墩，橋長四七六米，橋寬四·二至五·二米。

據明《八閩通志》記載：橋始建于宋政和三年（一一一三年），由太平寺僧人惠圖等創建，歷時十年建成，爲八閩古代『四大名橋』之一。

橋南端聳立七層實心塔二座，塔高六米，塔身浮雕坐佛、獅象、蓮花等。

七八　迎祥橋全景

位于上海青浦縣金澤鎮南柵，是罕見的木石磚混合結構的壁墩梁橋。全橋共有五孔，全長三四・二五米，寬二・四一米，中高邊低，形成自然縱坡。石壁墩纖細，全橋造型挺秀簡潔。『迎祥夜月』爲鎮八景之一。

橋面及側面鋪磚，兩側木梁外覆貼水磨方磚，既美觀又可保護木梁；墩上木梁均是直徑尺餘的圓形檀木，橋頂中央有一尺見方雕有佛教飛輪的花崗石塊。

橋始建于元至元年代，明天順六年（一四六二年）和清乾隆五十六年（一七九一年）先後兩次重建。

七九　迎祥橋橋頭石碑及橋墩

八〇　平安橋

位于上海市青浦朱家角鎮，三孔石梁石板橋，係石、磚、木混合結構，又稱戚家橋，清雍正十年重建，巨石拱欄及石梁兩側均雕刻醉八仙及幾何圖形。

八一　浦城水北浮橋

位于福建浦城縣，橋長九六·六米，由十六條船組成浮橋，靠鐵鏈石樁固定，橋中間可以拆船平面開啓。橋建于明萬曆年間。

八二　珠浦索橋全景

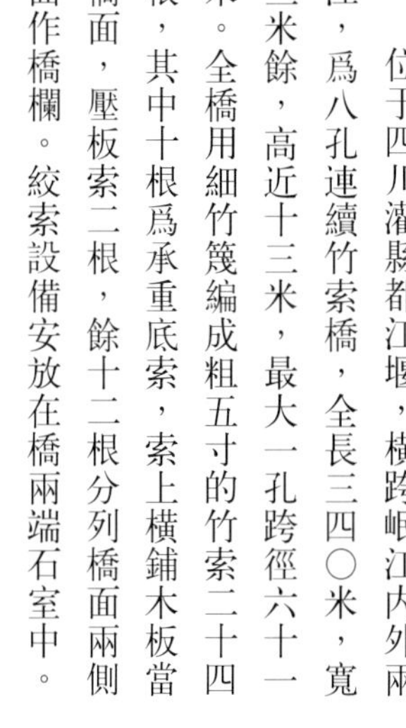

位于四川灌縣都江堰，橫跨岷江內外兩江，爲八孔連續竹索橋，全長三四〇米，寬三米餘，高近十三米，最大一孔跨徑六十一米。全橋用細竹篾編成粗五寸的竹索二十四根，其中十根爲承重底索，索上橫鋪木板當橋面，壓板索二根，餘十二根分列橋面兩側面作橋欄。絞索設備安放在橋兩端石室中。

始建年代不詳，宋以前名珠浦橋，宋淳化時重修，改名『平事橋』。明末毀于戰爭，改爲船渡。清嘉慶八年（一八〇三年）仿舊制重建，名安瀾橋，又名夫妻橋。一九六五年按原式樣改建，以直徑二十五毫米的鋼索代替竹索，欄杆索錨等部分改用鋼筋混凝土柱，用繩夾固定。

八三　珠浦索橋近景

八四　望安江鐵索橋全景

位于貴州省黄平縣望安鎮西二華里，跨越望安江，橋長三六・五米，寬三・五五米，離水面一〇・一米。橋面木板下密排著十六根連杆鐵索承重，兩邊各有一根距橋面五十厘米的扶手拉索。

橋建于清同治十二年（一八三七年），一九八二年二月被定爲貴州省重點文物。

八五　望安江鐵索橋橋面及錨固

八六　雲南永平縣清代鐵索橋

八七　奉化廣濟橋

位于浙江奉化市東十公里南浦鄉南渡村，又名南渡橋。爲四跨廊屋式木梁橋，全長五一・六八米，寬六・六米，橋屋二十二楹，橋墩臺爲六根石柱式，上下用石帽梁框住。

橋始建于宋，元至元中重建，橋墩石柱上有重建年代刻字。現爲浙江省級重點文物。

八八　集善橋

位于江蘇昆山市花橋鎮南三里的趙家村，在瀏河、吳淞江之間，南接上海青浦縣黃渡，東近安亭，西北爲江蘇太倉。橋爲三孔石梁石墩橋，全橋呈八字形，橋長二十一米，橋寬一・四三米，橋堍兩端拾石級上橋。在一邊孔中間石梁頂頭（與中孔相接處）刻有『太平天國』字樣，爲古橋中獨有。橋建于清乾隆五十二年（一七八一年）。據歷史記載該橋是太平軍進軍上海時的通道。刻字在一八六一年前後刻上的，現爲江蘇省級重點文物。

八九　山區石墩木梁橋

在浙江山區，爲五跨木梁石墩橋，梁由五條木板拼成整體，鐵鏈將幾跨木梁相連，鏈條固定在橋臺上，以防山洪把木梁衝走。

九〇　八字橋

位于浙江紹興市八字橋真街東端，橋處于三條街與河流的交匯點，爲適應水陸交通及街道格局采取了特殊形式。

橋爲單孔石梁，淨跨四・五米，高五米，淨寬三・二米，石柱壁橋臺，西面橋臺邊設有縴道。橋建于南宋寶祐四年（一二五六年），橋下西面第五根石柱刻有『時寶祐丙辰仲冬日建』字樣。現爲浙江省級重點文物。

九一　太倉東亭子橋與民居河埠頭

位于江蘇太倉東郊東亭村，是一座三孔石梁石壁墩臺梁橋，跨徑分别爲五米、六米、五・五米，中孔高、邊孔斜成八字形，橋兩端均有五級登橋石橋，橋中高以便通舟。橋頭原有石亭一座。建于清代。

九二　太倉東亭子橋橋面與橋欄

條石橋欄可供村民憩坐納涼。

九三　雲龍惠民橋

位于雲南大理市雲龍縣，爲雙孔鐵鏈吊橋，全長五十米，寬二・五米，由八根鐵鏈組成。清光緒十二年（一八八六）重建。

九四　武夷山餘慶橋（木拱）全景

位于福建武夷山市區，跨崇陽溪，原名福星橋，俗稱南門花橋，爲三孔二墩木拱石墩廊橋。橋長七九・二米，寬六・七米，高八・六米，單孔橋跨二三・七米。橋墩用條石乾砌，長一〇・七米，寬三・四米，分水尖上雕有鳥頭。橋始建于元代，清光緒十三年（一八八七年）里人朱敬熙重建，一九八二年修葺，是縣級文物。

九五　武夷山餘慶橋橋墩分水尖鳥形

九六　泗溪下橋（木拱）

位于浙江泰順縣內，橋淨跨三十米，寬六米，橋長五十一米，橋上建長廊，橋側挂木板防雨。用當地產大杉木做成拱架，由俗稱的九枝三節苗及八枝五節苗搭成，三節苗撐在橋臺口的條石上，是直徑近四十厘米的原木，五節苗是直徑爲三十厘米左右的原木，爲跨中的承重木，接頭橫木俗稱牛頭，五節苗的橫木是三十厘米見方的小牛頭，五節苗的橫木是四十厘米見方的大牛頭，大、小牛頭的間距爲一二〇或三六〇厘米。

九七　蘇州盛澤白龍橋

蘇州盛澤白龍橋，爲三孔石拱橋，建于清代，後曾由鎮綢業商捐銀重建。現爲縣級文物。橋聯上聯『風送萬機聲，莫道衆擎龍易舉』，反映了該鎮絲織業的興盛。

九八　上海普濟橋

位于上海青浦縣金澤鎮頤浩寺前（寺已廢），俗名聖堂橋。橋爲單跨圓弧形石拱橋，淨跨一〇・五米，拱高七米，全長二六・七米，寬二・七五米。橋拱券并列砌置，拱四分之一處有龍頭石二根，橋面石級一邊爲二十一級，另一邊二十級。

《青浦縣志》記『宋咸淳三年建』，清雍

正初年，黃元東重整石欄。橋頂上 有鐫『咸淳三年』（一二六七年）的題刻。一九八七年被列爲上海市重點文物。

九九 餘杭廣濟長橋

位于浙江餘杭市塘栖鎮，跨越京杭大運河，爲七孔石拱橋，跨徑分別爲五・三三、八・二三、一一・六五、一五・八、一一・六五、八・二三、五・三三米，全長八九・七二米，橋堍處橋寬六・一米，橋頂處寬五・二四米。中孔最高，爲一三・六五米，其拱高八・三米，跨徑一五・八(一六・三五)米。中孔兩側各孔的拱高、拱跨對稱遞減，形成自然落坡，與運河兩岸相銜接。全橋左右各有七十九級與八十級橋面石級，是江南現存最大的聯拱石拱橋。

石拱券爲分節并列砌置 ，第一孔與七孔爲三節，第二孔、六孔爲五節，第三孔、五孔爲七節，中孔爲九節。各孔拱脚處的拱肋特別長，拱脚水盤石下還有整塊承重石。橋墩厚約一米，與最大橋孔徑比爲〇・〇六四。

橋始建年代不詳，現橋于明弘治十一年（一四八九年）重建。北橋堍明末時曾修理。一九八三年被列為浙江省重點文物。

一〇〇 青浦放生橋

位于上海市青浦縣朱家角鎮東，架于漕港（現名定浦河）上。橋爲五孔石拱橋，橋孔徑爲六・一、九・二、一三、九・二、六・一米，形成緩而不長的縱坡與兩岸銜接。橋全長七二米，高七・四米，寬五米，拱券爲分節并列，中孔爲九節，以下是七節與五節，拱券石厚二十三厘米，上覆以厚十

五厘米的拱眉，眉高四厘米；拱四分之一處有横繫石，拱脚處有間壁，中孔兩邊墩上有橋聯石及橋聯。橋頂部望柱上有石獅四隻，其餘爲竹節型望柱。橋墩厚〇・八米，與最大橋孔徑比爲〇・〇六二。

橋建于明隆慶五年（一五七一年），由寺僧性潮募款修建，橋旁有慈門寺和一座井亭，橋下爲慈門寺放生之地，故名『放生橋』。

清嘉慶十七年（一八一二年）橋坍，曾重修，有碑《重建放生橋記》。

橋被列為上海市重點文物。

一〇一　垂虹橋殘迹

位于吴江市，元泰定二年（一三二五年）由木橋改建爲六十二孔石拱綷橋，明清時修建爲七十二孔三起三伏的石拱橋，俗稱長橋。一九六八年逐孔崩塌，現留存八孔。列爲市級文物。

一〇二　寶帶橋全景

位于蘇州市東南葑門外京杭運河西側澹臺湖口上，是一座綷道式長石拱橋，又名小長橋。橋總長近三一七米，有橋孔五十三個半圓形拱，十四至十六孔跨徑分别爲六・九五米、六米、六米外，其餘各孔跨徑三・九至四・一米，橋墩厚均爲六十厘米（墩孔比〇・〇八六三），橋寬四・一米，橋堍呈喇叭形。十三孔至十七孔間橋面隆起，逶迤弓形，爲此，十二孔與十三孔，十七孔與十八孔之間，橋面加一小段反彎曲綫，使全橋宛如玉帶浮水，故名寶帶。

橋始建于唐元和年間，南宋紹定五年（一二三二年）重建。現橋形爲明正統年間修建而成，清代時曾多次修理或重建，一九八一年及一九八九年進行了兩次全面修繕。

橋北端有石塔和石碑亭各一座，橋堍兩邊各有石獅一對，第二十七孔與二十八孔的橋墩一端也有相同石塔一座，該墩就是全橋的制動墩。其中石塔及一隻石獅爲南宋原物。一九五六年被列為江蘇省重點文物。

一〇三　寶帶橋橋頭石塔與石碑亭

元朝僧人善住過橋唫咏：

借得他山石，還將石作梁；直從堤上去，橫跨水中央。白鷺下秋色，蒼龍浮夕陽；濤聲當夜起，并入榜歌長。

一〇四　寶帶橋橋頭石獅

一〇五　南塘第一橋的全貌

橋在一九八三年原拆原建至奉賢縣古華園內，橋的主要功能已經改變。南塘第一橋位于奉賢縣南橋鎮東街，又名樂善橋。爲單孔石拱橋，長二五・八米，跨徑七・六米，寬三米，全用花崗石砌成，橋欄、抱鼓等附屬裝飾物一應俱全。現橋在清乾隆元年（一七三六年）由木梁橋改建而成。現爲縣級文物。

一〇六　南塘第一橋橋面及橋堍古詩碑

清嘉慶年間汝霖詩文：『先德重勤問俗軺，漫隨竹馬入風謠，南塘春色濃于酒，佳句爭傳第一橋』。

一〇七　古華園秋水院前的樂善（南塘第一）橋

一〇八　蘇州行春橋

位于蘇州石湖，爲九孔石拱橋，跨石湖北渚把越城遺址和吳城遺址相連，相傳春秋時越兵由此入吳。舊有橋，南宋淳熙十六年（一一七六年）修，范成大曾作《重修行春橋記》：『行春橋石梁臥波，空水映發，往來憧憧，如行圖畫間，凡游吳而不至石湖，不登行春，則與未始游者無异。』現橋爲明代建築，一九五七年曾整修過，橋中跨兩邊

有單邊推力墩，一九六三年公布爲蘇州市文物保護單位。每逢農曆八月十八日，九個橋孔每個均懸一隻月影，『石湖串月』一景由此而來。

一〇九　建水雙龍橋

位于雲南省建水城西八里，跨瀘江，江寬一四〇米，水淺緩，橋爲十七孔（南橋九孔，北橋七孔）的聯拱石橋，橋寬二・四二米，高四・八七米，橋全長一四八米。橋中建有一座三層五間面闊一六・一五米的樓閣，兩端各建橋亭一座。清道光十九年一八三九年）始建。被列爲雲南省重點文物。

一一〇　餘姚通濟橋

位于浙江餘姚市，爲三孔薄聯拱石橋，橋孔徑爲八・二米、一四・九五米、八・二米，墩厚約一米，與最大橋孔徑比爲〇・〇六七。橋跨越姚江，俗稱『浙東第一橋』。橋建于元至順三年（一三三二年）。橋正對原建于元皇慶間的舜江樓，現橋與樓均爲市級文物。

一一一　興安萬里橋

位于廣西興安縣靈渠上，爲單孔石拱亭橋。橋長一四・五五米，寬六・〇五米，拱高四・五五米，石橋欄上有題刻。古時由此到達京師（今西安），路程恰爲萬里，故稱萬里橋。據《廣西通志》記載，橋由唐朝李渤任桂管觀察使時始建，是廣西最早的一座石橋。

一一二　岩前登封橋

位于安徽休寧縣，爲七孔聯橋，橋孔徑爲十二至十五米，全長一二〇餘米，橋寬五米多，橋高十米以上，石板橋面，單邊船形石墩。橋兩端均設石級十六級，一端有石牌坊一座，坊匾上刻著『登封橋』方正大字。

一一三　岩前登封橋石牌坊

一一四　歙縣太平橋

位于安徽歙縣城西，跨練江，原名慶豐橋，爲十六孔聯拱石橋，橋孔徑爲一二・四至一六米，全長二七九・八米，橋寬六・九米，橋高約二十米，拱券横聯砌置，券厚五十厘米，拱頂填土（石）三十五厘米，橋面爲條石横鋪。橋中原有一石亭，橋一端爲（李）太白樓。具有『秋河似練天如水，十里澄江月滿橋。』的美景。被列爲安徽省重點文物。

一一五　貴州祝聖橋

位于貴州鎮遠縣青龍古建築群（現爲全國重點文物）下面，橫跨㵲水。是一座七孔尖拱石橋，每孔跨徑約十八米，全橋長一〇〇餘米，橋寬七・三七米。橋墩兩頭都有分水尖，以適應山區水情。該橋于明洪武五年（一三七二年）築橋基，到清雍正元年（一七二三年）建成，歷時三五一年，建造極其艱難。橋亭建于清光緒四年（一八七八年）。

一一六　紹興太平橋

位于浙江紹興西北一五・五公里杭甬公路旁，跨越蕭曹古運河，是座單孔淨跨九・六米，高七米，長二〇・九米的石拱橋與長二四・二米，九孔淨跨三至四米的高、低石梁橋相結合的橋梁。半圓形拱橋在南，爲通航之孔，南端落坡中部設平臺，經平臺從東西兩面下橋，橋臺邊設有縴道。梁橋在北，下橋直對廟門，廟旁是船塢碼頭。拱橋欄板、望柱、抱鼓上有暗八仙等花飾。

橋建于明天啓二年（一六二二年），清乾隆六年、道光五年相繼重建，現橋爲清咸豐八年（一八五八年）所建。

一九八九年被列爲浙江省重點文物。

一一七　太平橋抱鼓雕飾

一一八　陝西龍橋

位于陝西省三原縣南北兩城之間的清河谷中。爲三孔尖拱石拱橋，梭形橋墩，以利破冰分水，橋長五十四米，寬爲十一·四米，高二十六米，橋面用青石鋪砌。兩側有橋欄與望柱和雕成龍頭的吐水，故名『龍橋』。有『水從碧玉環中過，人從蒼龍背上行』的詩句。

橋建于明朝萬曆十九年（一五九一年）至三十一年。

一一九　玉帶橋

位于北京頤和園平沙長堤上，建于清乾隆年間（一七三六至一七九五年），全橋用白色玉石琢成，主拱券采用蛋形尖拱，配上雙向反彎曲綫的橋面，如駝峰突起，特别高聳，俗稱駝背橋。橋與昆明湖相襯，橋下碧波蕩漾，橋影相濟，景靜影動，虛實相生。

一二〇　頤和園後花園三孔石拱橋

後花園是仿江南園林建造，橋與之相配合。

一二一　五亭橋

位于揚州瘦西湖蓮花埂上，又稱蓮花橋，建于清乾隆二十二年（一七五七年），是座『上置五亭，下列四翼，洞正側凡十有五』的特殊風格的橋。橋基的平面分成十二個大小不同的橋墩，主軸綫上的橋墩最大，中間的兩個形成『士』字形，主軸綫兩側有四個對稱的方形橋墩，构成橋的四個翼角。橋墩全由長方形大青石壘成。登橋環顧，平林葱葱春水迢迢，瘦西湖美景盡收眼底。

一二二　『小飛虹』廊橋

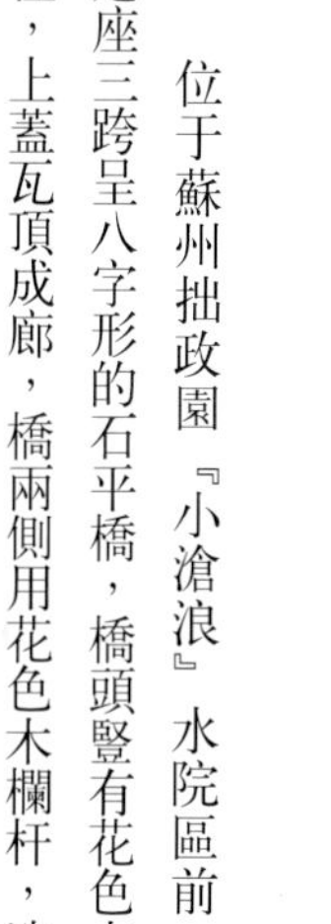

位于蘇州拙政園『小滄浪』水院區前，是座三跨呈八字形的石平橋，橋頭豎有花色木柱，上蓋瓦頂成廊，橋兩側用花色木欄杆，造型輕巧玲瓏，結構開敞通透，兼有多種功能。橋高寬宜兩人并肩通過，有『浮廊』之稱。

一二三　紹興東湖橋群

東湖中用秦橋、霞川橋、萬柳橋等十餘座石梁或石拱橋，將湖面空間劃分成三片，起伏有致，空靈巧布，點綴于晶瑩的湖波中，宛如江南原野中的盆景。園中又以江南特有的縴道橋代替湖邊、湖中矮堤，透剔得富有生氣，并能意領江南拉縴的古樸風情。

一二四　平坡廊橋

位于蘇州留園主景區『涵碧山房』曲溪樓前面水池中，由二段三跨石平橋組成，橋堍用假山相銜接，橋上設全透廊架，有紫藤相纏繞，寓意主人歡迎貴客。廊橋把景區分隔成三至四個區域。游人信步橋上仰視假山宛如真山，俯視水面，假山倒映水中，山體倍增；側視左右，步移景變，春夏季節，花架上葉綠花紫，享有『綠廊橋』美譽。

一二五　留園假山中的石平橋

位于留園『涵碧山房』前側的大體量假山間。設有五個層次的平橋或斜置石板橋。橋無欄，使游人在假山中成曲徑通幽之趣，水從橋下曲折流向水池，宛如山溪。

一二六　桂林花橋

位于廣西桂林水東門外，七星公園大門前，跨灕江支流小東江，石拱橋由四孔水橋和六孔旱橋組成，全長一三四・六六米，水橋上有琉璃瓦屋面橋廊，旱橋下滿鋪海底石，寬達二十五米；旱橋起引橋作用，以緩全橋縱坡。

橋初建于宋，原名嘉熙橋。因橋東岸小山突起，形如礎柱，又名天柱橋，元代橋被洪水衝毁，明景泰七年（一四五六年）重建木橋，嘉靖十九年（一五四〇年）改建爲石拱橋，更名花橋。

全橋的拱跨、孔高、拱厚、橋廊、欄杆

等，比例匀稱，形態優美。『花橋烟雨』成桂林秀景之一。

一二七　五座單跨、多跨石梁橋

位于蘇州拙政園內，它們連接著相對獨立的三個小島（包括見山樓），把中園幾個景區空間分割，又把臨水建築物聯成一體，滿足了托水面開闊而池多曲要求，體現了園林橋的多種功能。反映出蘇州園林柔和的風格。

一二八　十七孔石拱橋遠景

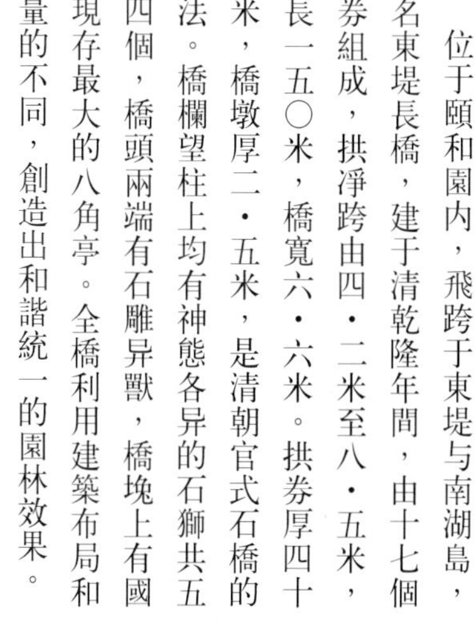

位于頤和園內，飛跨于東堤与南湖島，又名東堤長橋，建于清乾隆年間，由十七個拱券組成，拱淨跨由四・二米至八・五米，全長一五〇米，橋寬六・六米。拱券厚四十厘米，橋墩厚二・五米，是清朝官式石橋的做法。橋欄望柱上均有神態各异的石獅共五四四個，橋頭兩端有石雕异獸，橋堍上有國內現存最大的八角亭。全橋利用建築布局和體量的不同，創造出和諧統一的園林效果。

一二九　十七孔石拱橋旁銅牛

橋畔銅牛建于清乾隆二十年（一七五五年），稱爲『金牛』。爲鎮壓水患、保橋安全而建。牛背上還鑄有八十個字的篆體銘文『金牛銘』。

一三〇　荇橋

位于頤和園清晏舫北面，是溝通萬壽山西麓與小泠島間一座精緻的亭橋。石砌橋墩，方形橋孔，可通船隻，在橋墩兩端各有石獅立于轉角形斗栱臺座之上，極具特色。亭橋爲觀景佳處，無論晨昏陰晴，皆有沁心情懷。

一三一　退思園天橋

位于江蘇吳江退思園『辛臺』端，天橋居高成廊，橋一端銜接二層樓房，靠『辛臺』端頭，利用墻邊假山逶轉下橋，是江南園林中惟一的天橋。登橋北俯園景，引出詩興，是園中八景中的『詩』景。

一三二　拙政園水廊

位于蘇州拙政園西園，是條波形水廊，屬特種橋梁。

一三三　近園小石拱橋

位于江蘇常州長春巷，建于清康熙六年（一六六七年）至十一年，是江南現存的清初繼承明末風格的古典園林。後來橋改建時，保留老橋在新橋畔。

一三四　無錫寄暢園中的平橋與亭橋之一

一三五　無錫寄暢園中的平橋與亭橋之二

一三六　納彩橋

位于雲南麗江黑龍潭公園内，爲三孔木梁石墩廊橋，跨玉河，又稱玉河橋，建于清代。黑龍潭水經過該橋，分西、中、東三條河流流入麗江古城。

一三七　金蓮橋

位于無錫市惠山寺二山門内，架于金蓮池上，爲三孔石梁橋，由十八塊紫褐色山石砌成。横帽石梁頂部雕有怪魚首和螭首，兩側華板上刻鑿宋代典型的『牡丹嬰戲』圖案。石欄杆由蓮花狀望柱和鏤空欄板組成，雕有荷葉淨瓶和拐杖。橋建于北宋。一七一五年清康熙南巡時，寺僧在橋頭扎彩牌樓接駕。

一九八二年被列爲江蘇省重點文物。

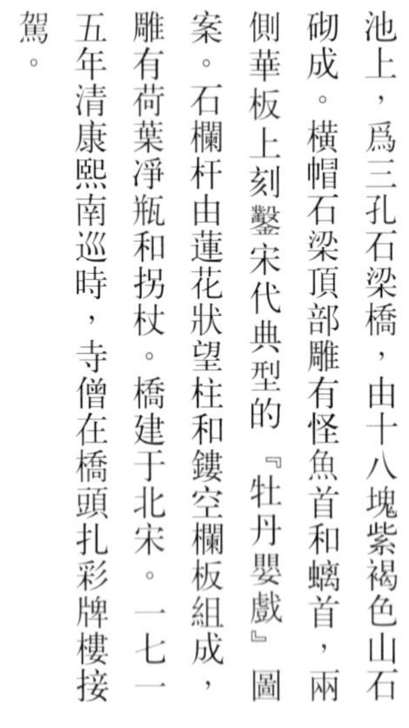

一三八　練橋

位于頤和園西堤上。

一三九　北京北海公園內五龍亭橋

一四〇　浮玉橋

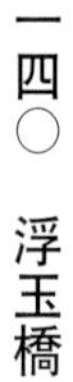

位于貴州貴陽市內，横跨南明河。浮玉橋建于明萬曆年間，爲九孔石拱橋，現橋爲七孔，兩孔已因拓寬路面而埋没。橋中部有鰲磯石，上面建有甲秀樓，樓有三層，圍以石欄，爲貴陽『鰲磯浮玉』勝景。

一四一　北京北海公園內堆雲積翠橋

橋屬堤梁式，三個小橋孔僅起換水作用。

一四二　北京北海公園内堆雲積翠橋牌樓

橋北端是積翠牌樓，南端是堆雲牌樓。

一四三　上海醉白池内假山石式拱橋

位于上海松江區城關鎮醉白池園内。

一四四　丁香花園橋

丁香花園是清末總理大臣李鴻章在上海的私宅花園，園子是典型的中西合璧建築。圖爲『園内龍墻的龍頭與小拱橋』初冬景色。

一四五　曲水園喜雨拱橋與廊橋

上海青浦區曲水園喜雨拱橋與廊橋，園建于清乾隆十年至四十九年。

一四六　秋霞圃福壽橋

上海嘉定區秋霞圃係明代園林，水池居中，曲徑通幽。

一四七　水心榭亭橋

位于河北承德避暑山莊内下湖和銀湖之間，居東宮捲阿勝境殿北面。此處原爲湖區的閘門，康熙四十八年（一七〇九年）在界墻東增闢銀湖和鏡湖。在原址的水閘上架石梁橋，橋上建亭榭三座，中間爲重檐歇山捲棚頂，兩端爲重檐攢尖頂，相互襯托成景，爲湖區的重要景觀。游人立于榭中，不論東望或西眺，均能盡享美景，被譽爲『縷堤分開内外湖，上頭軒榭水中園』。

一四八　个園無欄曲橋

位于揚州个園假山洞前，由橋引導游人進入洞內。

一四九　餘蔭山房浣紅跨綠廊橋

位于荷池東沿。橋的色彩素雅，製作精巧細膩，富有嶺南建築風格的特色。橋兩端各有『浣紅』、『跨綠』一匾。畫面左側是園中主體建築深柳堂。

一五〇　富安橋

位于江蘇昆山周莊，橫跨鎮南北市河，原名總管橋。單孔石拱橋，跨徑六・六米，橋長一七・四米，橋寬三・八米。橋始建于元至正十五年（一三五五年），由里人楊仲所建。明成化十四年、清咸豐五年重修。

橋堍四角各有橋樓，遙遙相對。一九八八年將東北面三層橋樓及西面雙層橋樓進行了修繕。爲江南水鄉僅存的橋梁立體型建築。

一五一　全功橋橋聯南聯（左）

全功橋位于昆山周鎮北急水港畔，單孔石拱橋，橋兩側橋聯石上均有橋聯。北側橋聯：『西控遥山地脉靈，北瀕急水泉源活』，點明橋所處位置。南側橋聯：『江上漁歌和月聽，日邊帆影帶雲歸』，描寫了漁港風情。

一五二　全功橋橋聯南聯（右）

一五三　上海朱家角放生橋橋聯之一

放生橋中孔兩側橋墩石的前後兩面均有橋聯：其中一聯是：帆影逐歸鴻鎖住玉山雲一片，潮聲喧走馬平溪珠浦浪千重。橋聯生動描繪了珠浦（即今日朱家角）在漕港中交通繁忙的興旺景象和漕河波濤壯麗的情景。

一五四　上海朱家角放生橋橋聯之二

一五五　西湖斷橋

斷橋係堤式拱橋，一名段家橋，本名寶祐橋，自唐時呼爲斷橋，後堤漸損，明萬曆三河孫隆修堤築橋。斷橋殘雪爲杭州西湖十景之一的冬季勝景。

一五六　雙橋

位于江蘇昆山周莊鎮東北，由世德橋和永安橋縱横相接組成，似古代鑰匙，俗稱鑰匙橋，均始建于明萬曆年間（一五七三至一六一九年），清乾隆三十年重修。兩座橋均由徐姓里人建造，後又由里人捐資重建。雙橋已成爲『水上桃源』周莊的標志。

一五七　古拱橋頂石板上的荷花及蓮蓬浮雕

在上海青浦朱家角古鎮珠溪園內。

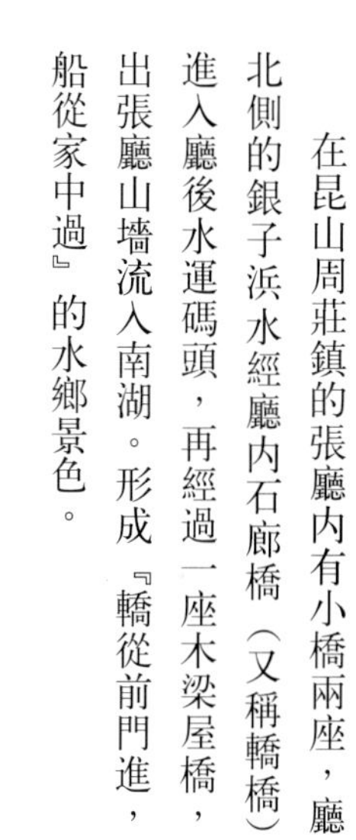

一五八　家院中的橋之一

在昆山周莊鎮的張廳內有小橋兩座，廳北側的銀子浜水經廳內石廊橋（又稱轎橋）進入廳後水運碼頭，再經過一座木梁屋橋，出張廳山墻流入南湖。形成『轎從前門進，船從家中過』的水鄉景色。

一五九　家院中的橋之二

張廳內的木梁屋橋。

一六〇　琉璃橋

位于西藏拉薩市大昭寺西一里，是座橋長三十米的木梁石墩廊橋，與驛道相接，藏語稱它『宇妥桑巴』，意爲『綠色松耳石的橋』。橋屋頂蓋綠色琉璃瓦，結構嚴謹，綠白相間，每當夕陽斜照與大昭寺主殿金頂相互輝映。

相傳它與唐建大昭寺同時興建，漢蕃工匠共造，現爲拉薩市重點文物保護單位。

水鄉橋景一組

一六一　『雙橋落彩虹』

桐鄉烏鎮西柵的仁濟橋與通濟橋。

一六二　『夕陽橋舟』

一六三　『水鄉、橋鄉』

一六四　橋與塔

上海松江宋代望仙橋與興聖教寺塔。

一六五　橋與水埠頭

一六六　雙橋與亭

浙江雙林鎮的還金橋與還金亭。

一六七　橋套橋

一六八　桐鄉烏鎮東街橋與船塢及碼頭

一六九 桐鄉烏鎮東街古橋與廊棚及民居之一

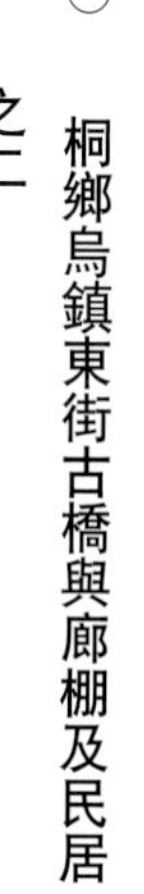
一七〇 桐鄉烏鎮東街古橋與廊棚及民居之二

一七一 橋邊水上戲臺

位于紹興市馬山鎮東安村。

一七二　橋與老街廊棚

嘉興西塘鎮永寧橋與長四二八・三米的明末廊棚。

一七三　蘇州石湖行春橋與越城橋

一七四　石湖雙橋

一七五　上坊橋全景

上坊橋爲七孔六墩石拱橋，故又名七橋瓮，位于南京光華門外，建于明代初期。舟形橋墩迎水尖頭鎸有石獸，昂首雄視激流，意在吞吐洪流。拱券上方龍頭石外露部分雕有十六個張嘴似作噴水狀的螭首，生動逼真。

一七六　上坊橋拱肩龍頭石螭首

一七七　橋畔雙獅

位于浙江南潯鎮廣惠石拱橋畔，石獅威武雄視。

一七八　橋前魚鷹船

位于江蘇無錫清建清明橋（單孔石拱）前的三條魚鷹船。

一七九　石拱橋頂欄板浮雕之一

一八〇　石拱橋頂欄板浮雕之二

一八一 孩兒橋橋欄板

一八二 麗江四方街民居門前的栗木橋

一八三 拱橋龍門石上的輪迴圖

一八四　橋樓殿

位于河北井陘縣蒼岩山上，是福慶寺的主體建築。對峙峭壁之間，南北飛架三座單跨石拱橋，其中兩座橋上建有天王殿和橋樓殿。橋樓殿始建于隋末唐初，是我國現存最早的橋上殿樓，殿面寬五間，進深三間，周圍迴廊，爲重檐樓閣式建築。

橋爲敞肩圓弧拱，拱肩上對稱伏踞著兩個小孔，拱券爲縱向并列，橋長約十五米，跨徑一〇・七米，橋寬九米，拱脚比拱頂寬〇・四米，橋距山澗底約七十米。

橋梁飛虹凌空，具有『千丈虹橋望入微，天光雲彩共樓飛』的奇景。

一八五　果合橋

位于浙江樂清縣雁蕩山靈峰風景區内，與鳴玉溪、超靈雲峰組成『靈峰三景』，橋爲單孔坦拱石橋，凌跨溪上。

一八六　仙洞橋

位于海南萬寧縣東山嶺上，是座單孔石拱橋。

一八七　接仙橋

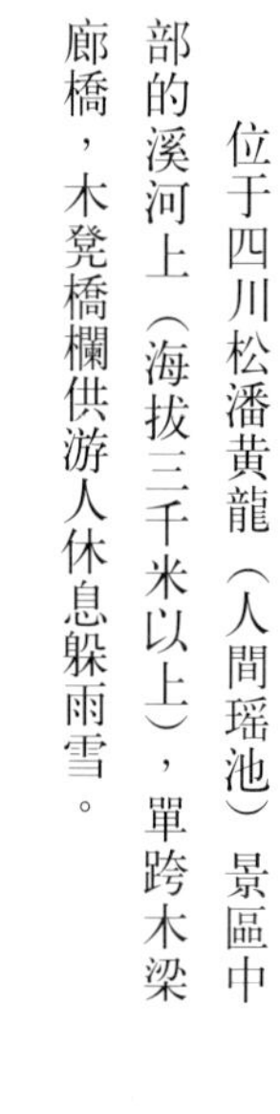

位于四川松潘黃龍（人間瑶池）景區中部的溪河上（海拔三千米以上），單跨木梁廊橋，木凳橋欄供游人休息躲雨雪。

一八八　太湖鼋頭渚的三孔石拱橋

一八九　山區溪流上民居門前小石橋群

一九〇　臺灣高雄深水吊橋

位于臺灣高雄鳳山澄清湖中，吊橋連接湖中小島。藍天倚黛，秀色迷人。

一九一　徐鳧瀑布下石拱橋

位于浙江奉化市西北雪竇山徐鳧岩瀑布下，爲單孔圓弧無欄石拱橋，建造年代不詳。

一九二　大紅袍茶林下的踏步橋

位于福建武夷山大紅袍茶林景區內。

一九三　上海濟渡石梁石壁墩橋

橋建于一八七五年，確是『古橋夕照，老牛歸途』。

一九四　鷹嘴岩畔的踏步橋

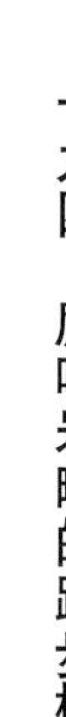

位于福建武夷山風景區内，穿越流香澗。

一九五　石桅岩下堤梁橋

位于浙江永嘉縣楠溪江邊石桅岩下，與竹筏共同渡人越水。一動一靜，與倒映于水中的桅岩共爭輝。

一九六　水城門——蘇州盤門

位于蘇州古城西南隅，始建于春秋伍子胥築城時，現存城門是元至正十一年（一三五一年）重建，水陸兩門并列。水城門是在石拱券上築城，水門有三層設閘兩道，門閘寬八米，高三·五米，厚十五厘米，通過安裝在鉸關石上的設備使水門在閘道内垂直升降。一九九九年五月水門恢復啓閉。現爲江蘇省重點文物。

一九七　太倉新閘橋

位于江蘇太倉市瀏河塘上，距長江五·五公里，是座三孔大型閘橋，橋墩寬大，墩壁上閘槽清晰，抗潮水一端呈尖型。始建于清康熙十年（一六七一年），道光十四年（一八三四年）重建水閘，時稱『新閘』，爲太倉市文物。

一九八　橋上的張仙閣

位于浙江紹興東浦鄉青龍村，仙閣建在石板橋上，建于清代。

一九九　蘇州楓橋

楓橋在運河的支流上，緊連明嘉靖三十六年（一五五七年）修建的鐵鈴關。橋、河、關三者有機組成城關防禦陣地，以防倭寇侵擾。被列爲江蘇省重點文物。

二〇〇　杭州鳳山水城門

位于杭州鳳山路六部橋南，跨中河南端水上，城門由兩座不同跨徑的石拱券并聯砌成，建于元代。一九八六年列爲杭州市文物。

二〇一　三江閘橋

位于浙江紹興的錢塘江、錢清江和曹娥江三江匯合處，築于兩小山之間，長一〇三·一五米，寬九·一六米，有閘眼二十八個，用二十八星宿命名，又名應宿閘。閘橋始建于唐太和七年（八三三年），明嘉靖十六年（一五三七年）建成此閘。它是紹興、蕭山等地水流咽喉，泄水流域達一五二〇平方公里，在一九七二年新閘橋建成前的數百年中一直起着排洪、蓄水、攔潮等作用。一九六三年列爲浙江省重點文物。

二〇二　都江堰前半部全貌

位于四川省岷江中游都江堰市，爲戰國時期蜀郡守李冰父子主持興建，歷代屢經維護與擴建。兩千餘年來已形成具有灌溉、發電、旅游、環保等功能的大型綜合性水利工程而聞名于世。

都江堰樞紐工程由分水導流工程（魚嘴）、溢流排沙工程（飛沙堰）和引水口（寶瓶口）工程組成。利用岷江江心洲布置分水魚嘴堤，把岷江分爲內、外兩江。在魚嘴上游築百丈堤，魚嘴兩側建有金剛堤以及將内江水排往外江的側向溢排沙工程：平水槽、飛沙堰以及有護岸溢流功能的人字堤。内江水流由以上工程控制，并經寶瓶口流向川西平原。

二〇三　都江堰的飛沙堰

二〇四　都江堰寶瓶口

二〇五　江南運河与寶帶橋

大運河始鑿于春秋末期，經歷代開鑿維護，沿用至今，它是世界上開鑿最早、最長的運河。因它北起北京，南至杭州，故也稱京杭運河。它經天津市和河北、山東、江蘇、浙江四省，溝通海河、黃河、淮河、長江和錢塘江五大水系，全長一七九四公里（隋代時以京都洛陽爲中心開鑿的運河長達二七〇〇餘公里）。

大運河分爲七段：北京市區至通縣段稱通惠河；通縣至天津段稱北運河（元代稱白河）；天津至山東臨清段稱南運河（元代稱御河、衛河）；臨清至臺兒莊段稱魯運河（含元代會通河）；臺兒莊至清江稱中運河；清江至揚州段稱裏運河（爲邗溝故道，隋代的山陽瀆，始鑿于周敬王三十四年）；鎮江至杭州段稱江南運河。一九四九年以後，大運河的部分河段曾多次拓寬加深，截彎取直，增建船閘，修建了江都、淮安等水利樞紐工程。

二〇六　裏運河邗溝遺址

二〇七　地處天津市中心南運河、北運河和海河幹流交匯處的三叉口

二〇八　京杭運河中的江南運河

二〇九　江南運河吳江段上的一個渡口

二一〇　京杭運河畔吳江段的縴道

縴道始建于唐元和五年（八一〇年），是提高交通運輸能力的重要設施。南宋時，它是蘇州、杭州間的主要水陸交通要道，是大運河段唯一遺存下來的古縴道。

二一一　靈渠總貌

在廣西興安縣城內。秦始皇爲統一嶺南，命史祿于公元前二二三至二一四年興修，溝通湘江、灕水，聯係長江与珠江兩大水系，全長三十四公里，落差三十二米，初名秦鑿渠，亦稱零渠、澪渠，唐代後改爲今名。

主要設施是在湘江中以長方形料石疊砌成『鏵嘴』分水堤。後接左右延伸的人字形大小天平，把湘江水分成南北二渠分別注入灕江和湘江（水量之比爲三比七）。在渠道水淺流急處築斗門以提高水位，使船隻通行。唐有斗門十八，宋爲三十六，清爲三十二。渠上有石橋多座，橋閘結合，是世界最早的水閘式運河。一九八六年被列爲全國重點文物。

二一二　靈渠的人字壩與測水標尺

二一三　靈渠的『鏵嘴』

二一四　靈渠的明碑『湘灕分派』

二一五　靈渠的渠水入口的斗門及石橋

二一六　華亭石塘

華亭石塘位于上海奉賢縣柘（林）金山公路沿綫一側，是歷史上爲抵禦杭州灣海潮北浸，保護農田家園而築。現存石塘全長約二十四公里，在元、明海塘及康熙土塘被衝毁後，清雍正二至十三年（一七三五年），歷時十餘年砌築而成。現已基本失去作用，爲奉賢縣級文物保護單位。

二一七　華亭石塘東頭兩段石塘

石塘通高五米，頂部寬約一・五米，底部寬約三米，全部由長一・四米、寬四十五厘米、厚約二十六厘米的青石或花崗石砌成。當時因『恐波濤日夜衝嚙，土與石連接處歷久不堅』而采用鐵榫鐵銷把條石連成一個整體。

二一八　華亭石塘兩方雍正磨石碑刻

磨石碑刻鑲嵌在夾路村邊的石塘裏，名『長慶安瀾』，是雍正九年九月吉日刻的，并標明第拾 號海塘，由吴縣石匠黄青砌築。

二一九　木蘭陂

位于福建莆田市城南木蘭村木蘭山下，坐落在洶涌的木蘭溪水和興化灣海潮匯流處。陂首堰爲閘式滾水壩，用巨塊花崗石縱橫鈎鎖叠築，長一一三·一三米，陂墩二十九座，墩高七·五米，長五米，寬○·九三米，陂門二十八個。陂首南北兩端建有兩條共長五百多米的護陂石堤和回瀾橋、萬全陡門兩個進出水閘。陂墩間用三根石梁架成橋梁，供人行走。它是集陂首樞紐工程、渠系工程、堤防工程和人行石橋于一體的大型水利工程。

工程始建于北宋治平元年（一○六四年），經三次營築，至元豐六年（一○八三年）纔竣工，至今保存較完整，仍在使用。每逢春漲，溪水漫坡入海，蔚爲壯觀，形成『木蘭春漲』一景。

它是全國重點文物保護單位。

二二○　一潭二井三塘水之一

位于雲南麗江大研鎮内，在有井泉的地方均采用這種用水方法：靠近出水口的頭塘，用于汲取飲用水；頭塘水溢出流至第二塘，用于洗菜等；塘水流至第三塘，用于洗滌衣物等。

二二一　一潭二井三塘水之二

二二二　水磨房

位于雲南中甸縣白水臺鄉水磨房村，磨在房中，水車在磨下，水車上面有一水槽，以上游下泄的急流經水槽衝擊水車轉動，推動磨轉勞作。

二二三　北宋堤橋遺迹

位于蘇州外跨塘，堤橋是始建于唐元和五年（八一〇年）的運河古縴道一部分，殘存三孔，跨徑約四米，橋墩用條石乾砌，墩厚二米，墩上架設五根石梁。石碑刻于清光緒十六年。

二二四　齊國故城排水道口

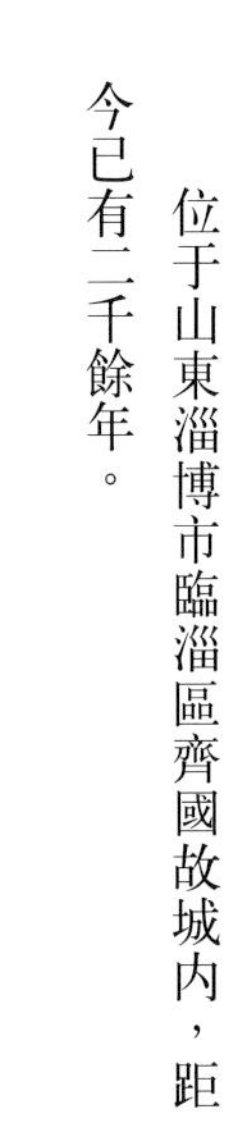
位于山東淄博市臨淄區齊國故城内，距今已有二千餘年。

二二五　四川青城山老君廟内宋代鴛鴦井

二二六　寧夏引黄灌區渠道

中國美術分類全集

中國建築藝術全集

第5卷 橋梁·水利建築

圖書在版編目(CIP)數據

中國建築藝術全集（5）橋梁·水利建築/潘洪萱編著. —北京：中國建築工業出版社，2001.12
（中國美術分類全集）
ISBN 7-112-03806-5
I.中… Ⅱ.潘… Ⅲ.①建築藝術-中國-圖集 ②橋梁-建築藝術-中國-圖集 ③水利工程-建築藝術-中國-圖集 Ⅳ.TU-881.2
中國版本圖書館CIP數據核字(2001)第02397號

中國建築藝術全集編輯委員會 編
本卷主編 潘洪萱
出版者 中國建築工業出版社（北京百萬莊）
責任編輯 郭洪蘭
總體設計 雲 鶴
本卷設計 顧咏梅
印製總監 楊一貴
製版者 北京利豐雅高長城製版中心
印刷者 利豐雅高印刷（深圳）有限公司
發行者 中國建築工業出版社
二〇〇一年十二月 第一版 第一次印刷
書號 ISBN 7-112-03806-5/TU·2948(9036)
國内版定價三五〇圓